はじめに

現在，全国各地において，1メガワット以上の出力を持つ大規模太陽光発電所（いわゆるメガソーラー）及び大規模風力発電所の建設に伴い，山林の崩落等の災害，自然環境と景観の破壊及び地域住民の生活環境の侵害等の著しい被害が発生し，あるいは今後発生する懸念のある事例が，多数見られる状況にある。

本来，地球温暖化による危機を回避するための対策として，再生可能エネルギーを利用した発電を推進すること自体は必要である。しかしながら，再エネ発電施設の設置のため，二酸化炭素の吸収源である森林や自然を著しく破壊することは，地球温暖化対策としても本末転倒である。災害の危険性を考慮せずに森林を切り開く等して，地域住民の安全・安心な生活を危機に晒すような開発は，地域社会にも寄与しない。

それにもかかわらず，再エネ発電施設の建設のための開発について自然環境保護や地域住民の生活への影響を十分に考えないままに行われる事例が，現在特に山林において全国的に多発している。これらの問題発生の大きな要因は，再エネ発電施設の導入が過度な利益誘導のもとに進められてきたことに加え，再エネ発電施設の設置による山林などの開発について適正に規制する法制度が整っていないことにある。

2011年8月に再エネ特措法（当時は電気事業者による再生可能エネルギー電気の調達に関する特別措置法）が制定され，2012年7月から固定価格買取制度（Feed-inTariff，以下「FIT制度」という）がスタートした。特に制度導入当初，再エネ発電の電力が高価格で買い取られたことで，再エネ開発が大きく進んだ。その反面として，得られる利益の大きさから，再エネ開発に伴う防災・環境面への配慮を行わずに開発を行おうとする業者も，再エネ開発事業に多く参入するようになっている。

それに，近年の山林価格の低迷により，安い値段で大面積の山林を取得しやすくなっていることや，農地法による制限がある農地と異なり，森林などの農地以外の土地では，森林法等の法律による開発行為に関する規制，特に防災面や環境面を考慮した規制が十分でないこと，さらに紛争予防のための住民の意見聴取の手続きや紛争の解決のための法制度が十分に整備されていないことも，山林で再エネ発電を設置するための開発が行われてしまう要因の一つとなっている。

また，2020年以降，内閣府特命担当大臣（規制改革）主宰により，「再生可能エネルギー等に関する規制等の総点検タスクフォース」が開催され，再生可能エネルギーの主力電源化及び最大限の導入の障壁となる再生可能エネルギーに係る規制の見直しが実施された。その中では，十分な根拠の検討がなされないまま，風力発電事業における環境影響評価手続の対象事業規模要件の緩和や，国有林の貸出事務や保安林指定解除手続の迅速化等の規制緩和が進められてしまっている。

日本弁護士連合会公害対策・環境保全委員会は，以上の問題状況を踏まえ，再エネ開発に関わる現行法の問題点と，再エネ発電施設の建設の推進との両立を図りつつ，自然環境の保全及び災害等の防止を行うために求められる規制の検討を行うべく，2022年にメガソーラー問題検討プロジェクトチームを結成して検討を行ってきた。そして，当該検討結果を踏まえ，2022年11月16日に，日本弁護士連合会は，「メガソーラー及び大規模風力発電所の建設に伴う，災害の発生，自然環境と景観破壊及び生活環境への被害を防止するために，法改正等と条例による対応を求める意見書」を取りまとめ，メガソーラー及び大規模風力発電所による山林等の開発問題に対応するために必要と考えられる法改正や条例制定等の具体的な対応策について，提言を行った。

今回のブックレットでは，上記意見書の解説を記載しているほか，プロジェクトチームにおける検討・研究内容も踏まえつつ，2022年12月5日に専門家の方々を集めて開催したシンポジウムでの議論内容を基にした論稿等をまとめている。

上記シンポジウムでは，前半の各講演で，日本弁護士連合会公害対策・環境保全委員会の委員から上記意見書の報告が行われたほか，環境エネルギー政策研究所主任研究員である山下紀明氏からは，再エネ発電施設の地域トラブルの増大等について言及された上で，海外における自然環境・生物の保全に貢献する太陽光・風力発電の事例が紹介されるとともに，社会的に受容される再エネ発電施設を増やす観点が重要であることが指摘された。また，全国再エネ問題連絡会代表の山口雅之氏からは，各地のメガソーラー開発等による問題事例が報告され，FITのIDを譲渡して行政指導を逃れようとする事業者が存在することの指摘や，森林法に林地開発許可の取消規定がないことが各地で及ぼして

メガソーラー及び
大規模風力事業と
地域との両立を目指して

信山社

いる悪影響等の指摘があった。さらに，長崎幸太郎山梨県知事のビデオメッセージでは，無秩序な開発により土砂災害などを引き起こすことがないよう，条例による規制を決断したこと等が述べられたほか，山梨県環境・エネルギー部環境・エネルギー政策課長である雨宮俊彦氏からは，山梨県におけるグリーン水素を利用する取り組み（P2Gシステムの開発）や，山梨県が発電出力に関わらず全ての野立て施設を規制対象とする条例改正を行ったこと等が紹介された。

後半では，日本弁護士連合会公害対策・環境保全委員会の委員のほか，北村喜宣上智大学教授，茅野恒秀信州大学准教授，浦達也日本野鳥の会主任研究員の４名によるパネルディスカッションが行われた。その中では，メガソーラー問題が土地問題としての性質を有すること，生物や自然環境に配慮したゾーニング及びゾーニングを行う際の住民参加の必要性，森林法における環境配慮の不十分性，環境アセスメントの在り方，風力発電と低周波音の問題，財産権が過度に尊重されている可能性，再エネ事業を興すことで地元の経済の活性化に役立つ仕組みを確立することの必要性，住民参加を規範として実質化させることの重要性，及び環境保護団体に訴訟の当事者適格を付与する必要性等に関して，各パネリストから多面的に議論が行われた。現場や自治体における対応の実態をよく踏まえた実践的な議論がされたことで，現状の問題点や検討課題が浮き彫りになったものと考える。

本ブックレットの発刊が，再生可能エネルギーの一層の推進と，自然保護，災害等の防止および地域住民の生活環境の保全との両立に向けて，今後行われるべき法改正・法制定や条例制定等の実現に寄与できることを願うものである。

2024年３月

日本弁護士連合会公害対策・環境保全委員会委員
メガソーラー問題検討プロジェクトチーム座長
小島智史

目　次

第1章
自然エネルギー政策の在り方

1 自然エネルギー政策の在り方について

山下紀明
（環境エネルギー政策研究所）

はじめに

自然エネルギー（再生可能エネルギー：再エネ）発電は，2000年代以降世界的に普及が進み，日本でも2011年に成立した固定価格買取制度（FIT制度）により，事業用太陽光発電を中心に急激に拡大した。その反面，大規模な太陽光や風力発電事業に関する地域トラブルが大きな課題となっている。本章ではこうした状況を概観し，自然エネルギーを中心とした持続可能な社会を目指すための政策の在り方とともに，望ましいビジネスモデルや社会的仕組みについても述べる。

1　自然エネルギーの拡大と脱炭素

(1)　世界的な拡大とその理由

自然エネルギーによる発電は脱炭素の潮流と低価格化を大きな理由として，先進国・途上国を問わず，世界中で広がっている。水力発電は従来から主要な電源の一つであったが，近年では太陽光発電と風力発電が急速な成長を遂げている。累積導入量を示した図1-1からも，2000年代以降の太陽光発電・風力発電の急速な伸びが見て取れる。2021年末の累積導入量を比較すると，太陽光発電と風力発電のいずれも原子力発電の倍以上となっている。またBP社の2021年推計値によれば，太陽光発電と風力発電を合わせた発電電力量は2894TWhとなり，原子力の発電電力量2800TWhを上回った[1]。今後も太陽光・風力の導入は続くと考えられるため，この差はさらに広がっていくだろう。

1　BP p.l.c., “bp Statistical Review of World Energy 2022” (accessed April 31 2022) https://www.bp.com/content/dam/bp/business-sites/en/global/corporate/pdfs/energy-economics/statistical-review/bp-stats-review-2022-full-report.pdf

図 1-1　世界の太陽光発電・風力発電と原子力の累積発電容量

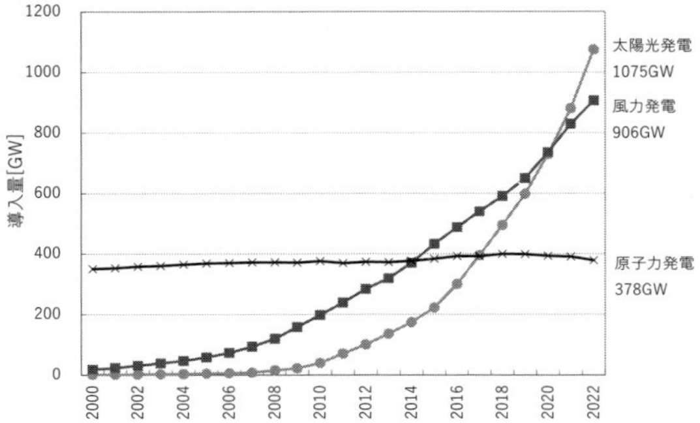

出典）環境エネルギー政策研究所作成

自然エネルギーによる発電のメリットは，脱炭素や価格だけではなく，エネルギーセキュリティへの貢献，開発の早さや小規模・分散型の利用が可能なこと，エネルギーデモクラシー（エネルギー民主主義）なども挙げられる。他方で，急激な拡大に伴う課題も見られる。

(2)　社会技術の転換

現在の太陽光発電や風力発電に関わる課題を社会技術の転換という視点から捉えてみよう。図 1-2 は，持続可能な社会に向けた社会技術の転換を重層的視座（multi-level perspective）から分析した Geels らの図に加筆したものである[2]。上段の世界的な文脈（社会技術的ランドスケープ）として脱炭素の要請が高まっている。さらに下段の小規模・分散型かつ安価となっている自然エネルギー発電などがニッチ・イノベーション（これまでにない分野での革新）として拡大してくる。これに対して，中段の社会技術システムは，これまでの化石燃料や原子力といった大規模集中型のエネルギー源とその供給から消費にいたるまでの市場・消費者の選考・産業・制度・技術・文化といった様々なシステムが固定化（ロックイン）されている。右側に移行して Phase 3 となると，世界的な文脈とニッチ・イノベーションの双方が影響力を高めて社会技術システム

2　Geels, F. W., et al. (2017). “Sociotechnical transitions for deep decarbonization.” Science 357 (6357): 1242–1244.

図 1-2　社会技術トランジションの重層的視座分析

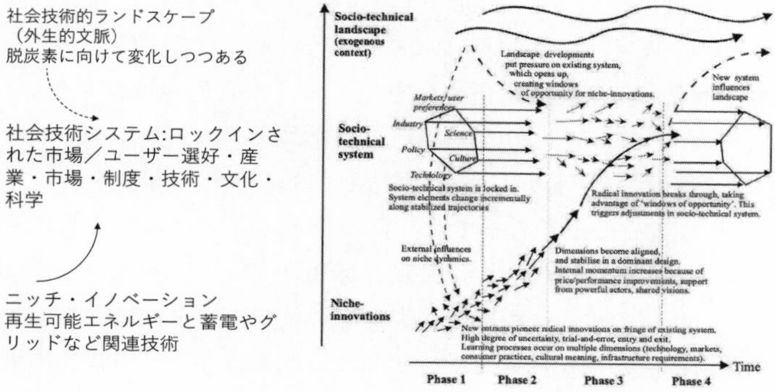

の様々な変化を起こし，Phase 4 の新しい社会技術システムに向かう。現在の自然エネルギーを取り巻く状況はまさにこの Phase 3 に当たり，規制的制度によって自然エネルギー事業の規律を高めるといった単独の方策では不十分であり，エネルギー市場や社会的な合意なども含めた転換が必要である。

なお，自然エネルギー発電に関わる課題には，電力系統への接続や送電網の拡張，蓄電池やデジタル化を含む柔軟性の確保，セクターカップリングなど多くの論点があるが，本稿では地域トラブルの抑制や社会的受容性に焦点を当てる。

2　日本の自然エネルギーの急拡大と地域トラブル

(1)　日本の自然エネルギー拡大の概要

日本の自然エネルギーが拡大した大きなきっかけは，2011 年と言える。3 月 11 日の東日本大震災と東京電力福島第一原子力発電事故を契機として，政治的にもエネルギー政策的にも多くの議論があったものの，再エネ特措法（固定価格買取制度，FIT 制度）は成立し，2012 年 7 月に施行された。

再エネ特措法は，太陽光発電を中心とした自然エネルギーの急拡大をもたらした。再エネ特措法開始以降から 2022 年 12 月末時点までのメガソーラー（1,000kW 以上の太陽光発電事業）の導入容量は 2,647 万 kW（8,518 件）となって

3　資源エネルギー庁，再生可能エネルギー電気の利用の促進に関する特別措置法　情報公表用ウェブサイト（accessed May. 25 2023），https://www.fit-portal.go.jp/PublicInfoSummary

おり，10kW以上の事業用太陽光発電導入量の48.5%を占めている[3]。また同時期に風力発電については，20kW以上の陸上風力が224万kW（176件），洋上風力が4,890kW（2件）導入されている。

2022年（暦年）の年間発電電力量を見ると，太陽光発電は9.9%，風力発電は0.85%となっている[4]。2010年以前の自然エネルギー割合は10％程度であり，その多くを水力発電が占めていたが，2022年末には自然エネルギー全体で22.7％と倍増した。参考までに，同年の原子力は4.8%である。第6次エネルギー基本計画では2030年に太陽光発電を14～16％とする見通し[5]が示されており，現状の1.5倍程度に拡大することが見込まれている。

再エネ特措法が太陽光発電を中心とした自然エネルギーの普及に果たした役割は大きいが，持続可能性の点からは，多くの課題があった。最大の課題は，環境や開発に関する制度，エネルギー政策の基本的方向性や社会的合意などの根本的課題が整備されないままに自然エネルギー事業が拡大したことで，地域トラブルなどの課題が発生したことであろう。

(2)　地域トラブルとその論点

太陽光発電や風力発電の大規模事業が急激に増加したことで，その一部が地域トラブルを発生させてきた。以下では，事業開発段階および運営段階において事業者と住民や各種団体，行政の間で合意が成り立たず，住民からの反対運動や行政からの指導を受けた事業を地域トラブルと呼ぶ。

全国紙および地方紙を対象とした2021年12月末までの筆者の調査では，数百kWから4万kW以上の大規模まで含めて，太陽光開発関連の地域トラブルは全国で163件報道されていることが確認できた[6]。実際には50kW未満の中小規模も含め，さらに多くの地域トラブルが起こっていることが推測される。

太陽光発電の地域トラブルの理由は複合的なものがほとんどであるが，もっ

4　環境エネルギー政策研究所，2022年の自然エネルギー電力の割合（暦年・速報）（accessed May. 25 2023)），https://www.isep.or.jp/archives/library/14364

5　経済産業省，2030年度におけるエネルギー需給の見通し（関連資料）（accessed Aug. 18 2022），https://www.meti.go.jp/press/2021/10/20211022005/20211022005.html

6　2021年8月時点までの分析は以下を参照。山下紀明・丸山康司（2022）「太陽光発電の地域トラブルと自治体の対応」『どうすればエネルギー転換はうまくいくのか』（丸山康司・西城戸誠編，新泉社）。

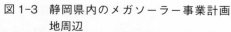

図 1-3　静岡県内のメガソーラー事業計画地周辺

とも多いものは自然災害発生への懸念（97件）であり，半数以上が該当する。大規模な太陽光発電事業は山林の開発を伴うものが多く，水害や土砂の流出が懸念されている。続いて，景観への懸念（69件），生活環境への影響の懸念（52件），自然保護への懸念（52件），その他の項目（40件）となる。例えば静岡県内の4万kWを超える太陽光発電事業計画（図1-3）では，景観や水環境の悪化などの懸念から地域トラブルが発生し，地方自治体も反対を表明して条例を策定したが，原稿執筆時点で事業者との係争が続いている。また小規模な事例としては，斜面での50kW程度の太陽光発電事業の施工中に，豪雨により土砂が流出した事例なども多くある。

風力発電については再エネ特措法成立以前から地域トラブルの発生が見られ，近年も発生している。安喰らによる調査によれば，2017年7月までに76件の地域トラブルが見られた[7]。その主な論点は，騒音（37件），野鳥（41件），自然保護（26件），景観（24件），災害（18件），水質（7件），その他（4件）となっている。他方，そうした地域トラブルが見られなかった事業は111件であった。近年の地域トラブルとしては，2022年に宮城県と山形県にまたがる蔵王連峰で100MW級の風力発電事業を検討していた他地域の大手電力会社が，景観や自然保護の観点から多くの反対を受け，事業計画を撤回した例もあった[8]。

太陽光発電と風力発電をはじめとする自然エネルギーの拡大を今後も適切に進めていくためには，地域トラブルの予防と望ましい自然エネルギー事業を増やすための仕組みがさらに重要となる。

7　安喰基剛・錦澤滋雄・村山武彦（2018）.「風力発電事業の計画段階における環境紛争の発生状況と解決要因」環境情報科学論文集 ceis32: 185-190。

8　日本経済新聞ウェブサイト「関西電力，蔵王や北海道の風力発電所2カ所の建設断念」(accessed June. 1 2023)。
https://www.nikkei.com/article/DGXZQOUF2945M0Z20C22A7000000/

(3)　自然エネルギーの社会的受容性

大規模な自然エネルギー事業に関する地域トラブルが顕在化したことで，社会的な受容性が低下している。自然エネルギーのイノベーションに関する社会的受容性についてWüstenhagenらが提示した社会・政策的受容性，市場（経済）的受容性，コミュニティ的受容性の三角形[9]（図1-4）を参考にすると，地域トラブルの増加に見られるようにコミュニティ的受容性が低下しており，他の2点も大きく影響を受けている状況と考えられる。コミュニティ的受容性には，手続き（プロセス）の正当性，分配の正当性，信頼が重要であるとしており，単に規制による事業規律の強化だけでは解消しきれない点があることがわかる。

SNSにおける自然エネルギー，特にメガソーラーに対する言説は，こうしたコミュニティ的受容性や社会・政策的受容性の低下を先鋭的に表している。Doedtらによる Twitter日本語版での分析[10]によれば，2021年9月にメガソーラーに関するツイートの10％サンプルを調べたところ，ほぼ75％が否定的な内容であり，中立的なものが20%，肯定的なものは5%ほどであった。メガソーラーに関しては否定的な投稿が多い上に，より頻繁にシェアされて多くの人の目に触れられている。

図1-4　社会的受容性の3要素

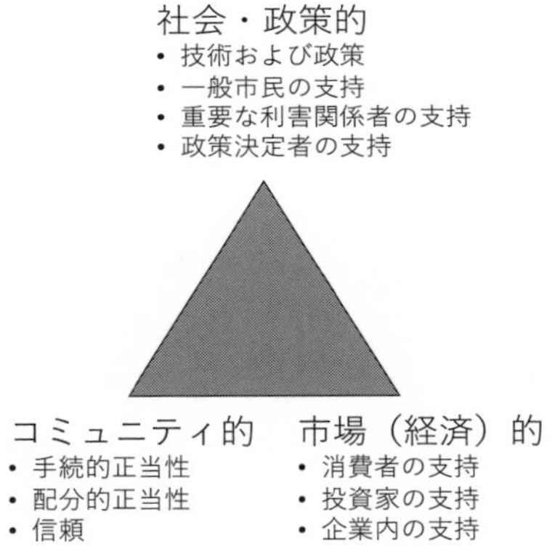

Wüstenhagenらをもとに筆者作成（日本語訳は筆者）

自然エネルギーの社会的受容性に影響を与える要因には多くのものが含まれ，風力発電に関する研究が比較的多い。本巣（2023）の日本の風力発電近郊の住民へのインターネット調査[11]では，既存の風力発電所に対し賛成で

9　R. Wüstenhagen, M. Wolsink, M. J. Bürer（2007）, Social acceptance of renewable energy innovation: An introduction to the concept, Energy Policy, 9（5）, 2683-2691.

10　Doedt, C. and Y. Maruyama（2023）. "The mega solar Twitter discourse in Japan: Engaged opponents and silent proponents." Energy Policy 175: 113495.

11　本巣芽美・丸山康司（2020）「風力発電所による近隣住民への影響に関する社会調査」風力エネルギー学会 論文集44（4）：39-46。

あっても，新規事業に対しては反対へと否定的な評価に転じる傾向が見られ，その要因として「風車音による不快感」「事業者に対する不快感」「建設過程の公正性」「ブレードの回転」などで中程度の相関関係が確認されている。他方，「健康影響」「風車の見え方」「敷地内における風車音の可聴」「距離」などでは相関関係がほとんど見られなかった。そのため，地域の受容性を高めるためには，事業の進め方の見直しや不快と思われる風車音の強度，受け止め方に注目した対策が効果的と思われると結論づけている。

地域の社会的受容性は複雑な問題であり，単に自然エネルギー事業と居住地の距離を離すといった物理的影響に関する規制の強化だけでは解決せず，国や地域の歴史的文脈，住民と自然エネルギー事業との関係性，事業者との信頼関係，手続きや分配の正当性など多岐にわたる論点を総合的に検討していく必要がある。

3　国・自治体の制度

(1)　国の政策的対応

自然エネルギー発電の地域トラブルに関し，国は主に2つの政策的対応を行なってきた。第一に，再エネ特措法の改正であり，認定制度の強化，（条例を含む）法令および条例遵守の義務づけ，地域住民との適切なコミュニケーションの推奨などが含まれる。2022年4月に施行された改正再エネ特措法では，太陽光発電の廃棄等費用積立制度や認定失効制度が導入された。2023年4月には多数の太陽光発電事業のFIT認定取り消しが行われた。その中には地域トラブルとなっていた案件も含まれている。

第二に，環境影響評価（環境アセスメント）法の対象化，林地開発に関わる規則など関連制度の改正である。環境影響評価法については，2020年4月から4万kW（100ha程度）以上の太陽光発電事業には環境影響評価の手続きが義務化された。また，環境省は同法の対象よりも小さい規模の太陽光発電事業向けの環境配慮ガイドラインを公表し，環境配慮や地域との丁寧なコミュニケーションを促している[12]。

2021年5月に成立した改正地球温暖化対策推進法では，地域の自然エネル

12　環境省，太陽光発電の環境配慮ガイドライン（accessed Aug. 18 2022），https://www.env.go.jp/press/107899.html

ギーを活用した脱炭素化に資する事業を推進するための計画・認定制度を創設し，関係法令の手続のワンストップ化等の特例を受けられることなどが定められている。また都道府県，政令指定都市，中核市には自然エネルギー導入目標値の設定を義務化している。市町村は地域の自然エネルギーを活用した脱炭素化を促進する事業（地域脱炭素化促進事業）に係る促進区域や環境配慮，地域貢献に関する方針等を定めるよう努めることとしている。

2022年4月からは「再生可能エネルギー発電設備の適正な導入及び管理のあり方に関する検討会」が経済産業省，環境省，農林水産省，国土交通省の4省合同で開催され，10月に提言が出された。この提言の中では，土地開発前段階・土地開発後～運転中段階・廃止および廃棄段階での事業規律を高める制度を挙げ，「速やかに検討」または「法改正含め制度的対応を検討」を行うとしている。

このように国の制度対応は一定程度行われてきたものの，大局的に見れば日本の国土開発と規制の不均衡の問題がある上，適切な促進のための具体策は乏しい。2023年5月に成立したGX関連法案は原子力推進を強調しており，自然エネルギーについては規律強化に関する文言が多く，適切な自然エネルギー事業を促進する方策は限られている。

(2)　地域の政策的対応

国の政策的対応では地域トラブルを抑制しきれなかったことから，地方自治体が地域トラブルへの対応を余儀なくされてきた。そこで増えてきたのが，特に太陽光発電設備の規制を目的とした条例である。その中には景観や自然環境と太陽光発電との「調和」という名称を含む条例も多い。

2022年4月時点までの筆者の調査では，太陽光発電の立地規制など強い規制的要素を含む条例（以下，「調和・規制条例」）146件と，届出と協議や行政指導を組み合わせた条例（以下，「届出条例」）29件の2つに大きく分類できた。

特に条例制定数が多い都道府県は，静岡県（21件），長野県（19件），茨城県（16件）である。これらの県では大規模な地域トラブルが報じられている自治体があり，その周辺自治体でも調和・規制条例や届出条例が導入されてきたと考えられる。

調和・規制条例の中でも太陽光発電事業への規制の観点から特に特徴的と思われる要素を3点紹介する。

第一に，「抑制区域」，「禁止区域」の設定であり，122件が該当した。用語は抑制区域，禁止区域，設置抑制区域，保全区域など様々であり，自治体ごとに定義も内容も異なるが，大きく「事業を行ってはならない」または「首長は同意や許可を与えない」と明示しているものと，「事業を自粛するよう要請する区域」等として指定しているものに分かれ，同数程度あった。

第二に「届出と許可または同意」である。事業者に事業の届出を義務づけ，要件が整っている場合に首長の許可や同意を与えるものであり，一定の区域を定める場合も多い。こうした条例は42件確認された。

第三に「行政または周辺自治会との協定」である。事前協議などをもとに事業者と行政の間で協定の締結を行い，事業の環境や景観に対する影響を確認し，協定の内容を守るよう指導するものであり，12件が該当した。同様に，事業地周辺の自治会などと協定を結ぶよう定める条例も15件確認された。

現在もこうした調和・規制条例は増加しており，多くのバリエーションが出ている。一般財団法人地方自治研究機構は太陽光発電設備等の設置を規制する単独条例として，2023年7月1日時点で公布されていることが確認できる条例246件を挙げている[13]。

4　持続可能なエネルギー政策

(1)　土地利用／開発制度の抜本的な転換

日本での自然エネルギーに関わる地域トラブルの背景には，過去の産業開発やリゾート開発に伴う地域トラブルと同様に，日本の国土開発と規制の不均衡という問題がある。太陽光発電を例に取れば，林地は林地開発許可が必要であるものの，比較的開発が容易であるからこそ多くの事業開発が行われた。一方，農地は農地法の規制が非常に厳しいため，野立て太陽光の開発は少なく，農業との両立が可能な営農型太陽光発電についても要件が厳しくなっている。太陽光発電・風力発電を全国でどこにどの程度立地するべきか，それに伴う送電網や地域間連系線の増強をどの程度進めるべきか，といったエネルギー政策上の論点だけではなく，開発と生物多様性や食糧生産とのバランスをどうするべきか，土砂災害警戒区域等での開発はどの程度認められるべきか，といった

13　一般財団法人地方自治研究機構，太陽光発電設備の規制に関する条例（accessed July. 1 2023），http://www.rilg.or.jp/htdocs/img/reiki/005_solar.htm

日本の国土開発全般に関わる問題が存在する。

ドイツにおいては野立て太陽光や風力発電設備なども含めて，建築・開発行為は，全国にわたって原則的に規制されており[14]，市町村の土地利用計画（Fプラン）や地区詳細計画（Bプラン）で認められることで，事業者は開発・建築行為が可能となる[15]。また，ドイツでは高い水準で生物多様性を守ることも制度的に要求される。開発に関する根幹の制度が異なるため，単純に制度を輸入することはできないが，参考になる点も多い。

今後，日本では地域の持続可能性や経済効果，気候変動対策を念頭に置いた望ましい自然エネルギーのあり方を考え，国が都道府県や市町村と相互に調整しつつ，土地利用／開発制度そのものを省庁横断的に改正していくことが理想であるが，そのためには抜本的な転換が必要であり，時間を要する。以下では，その他の持続可能なエネルギー政策にとって重要となる要素を示す。

(2)　統合的なゾーニング

当面は現状の土地利用／開発制度に基づかざるを得ないとしても，統合的なゾーニングを進めていくことは太陽光発電・風力発電の立地問題や社会的受容性の解消に一定の効果が期待できる。自然エネルギーのゾーニングは，現状では保全エリアや調整エリア（何らかの課題がある地域）を示すネガティブ・ゾーニングがほとんどであり，候補（推進）エリアを示すポジティブ・ゾーニングは少ない。本来的には国や地域の目標値やポテンシャルを考慮した上で，環境や社会的条件を考慮して禁止区域と推進区域を利害関係者と協議しながら設定することが望ましい。勢一は，ゾーニングによる一連の適地抽出に係る作業は「地域空間の再設計」でもあり，「地域の利益を幅広く拾い上げて，将来の目指すべき姿を見据えながら，環境・経済・社会の鼎立を図る」こと[16]と述べており，ゾーニングは地域のさまざまな要素と関連していることが分かる。

風力発電，太陽光発電のゾーニングはすでに一部の自治体で行われており，

14　高橋寿一（2016）『再生可能エネルギーと国土利用 ── 事業者・自治体・土地所有者間の法制度と運用』勁草書房。

15　高橋寿一「ポジティブ・ゾーニングに関する一考察 ── ドイツ法の構造と若干の日独比較」―(accessed April 31 2022) https://www.econ.kyoto-u.ac.jp/renewable_energy/stage2/contents/column0279.html

16　勢一智子（2019）「地域空間における公益協調の法理と手法：再生可能エネルギー導入促進ゾーニングを素材として」行政法研究 = Review of administrative law（31）：1-47。

それぞれの課題もある。保全エリアや調整エリアの開発を規制するためには，ゾーニングマップを策定するだけでは不十分であり，既存の法律や条例で定められた場所以外を守るためには新たに条例を設定する必要があり，相応の労力が必要となる。一方で推進エリアを設定する場合も，条例などでの適切な誘導がなければ，そのエリアが乱開発の対象となる恐れもある。

ゾーニングは未だ試行錯誤の段階であり，合意形成手法の開発も必要である。多様な利害関係者（ステークホルダー）が参加して議論する場を設定することで，自然エネルギーへの理解が醸成され，積極的な関わりを生み出すことにつながっていく。大阪府能勢町は，2022 年度の太陽光発電のゾーニング検討において審議会の検討に加えて地域住民とのワークショップを開催し，自主的な勉強会も始まっている。こうした住民を交えた丁寧なプロセスはゾーニング結果への納得感を増すためにも重要であろう。

ゾーニング，3.1 で述べた促進区域の設定のいずれも，地方自治体職員だけでは進めることが難しく，環境省の各地方環境事務所や中間支援を行う組織のサポートが極めて重要となる。

(3)　規制と促進の両輪を備えた条例

日本全体ではすでに 1 割を超える地方自治体が太陽光発電の規制や届出を求める条例を制定しているが，各地域の脱炭素とのバランスも考えていく必要がある。

自然エネルギーの促進に関する条例では，滋賀県湖南市の「地域自然エネルギー基本条例」（2012 年施行）や長野県飯田市の「再生可能エネルギーの導入による持続可能な地域づくりに関する条例」（2013 年施行）がよく知られているが，その後は促進を打ち出す条例の策定は減少していた。ニセコ町の「ニセコ町再生可能エネルギー事業の適正な促進に関する条例」（2022 年 4 月施行）は立地規制も含みつつ，地域振興型の自然エネルギー事業の促進を含めており，多くの自治体にとって参考になる。長野県の「地域と調和した太陽光発電事業の推進に関する条例」は，許可や届出制といった規制項目と合わせて，事業の透明性の確保のための情報のデータベース化などの取り組みを含んでおり[17]，今後の県レベルでの条例策定にも参考になるだろう。

また東京都や川崎市で導入される住宅を含む中小規模の新築建築物のハウスメーカー等事業者への太陽光発電導入義務化も今後広げていく意義がある。昨今の電気代や化石燃料価格の上昇により，太陽光発電事業は家庭にとっても事業者にとっても，エネルギー代金抑制の解決策となり，停電時のレジリエンス対策ともなりうる。メガソーラーとは異なる太陽光発電の金銭的メリットやレジリエンス面でのメリットが広まることで，社会的受容性にも一定のポジティブな影響がありうる。

(4)　気候市民会議の可能性

フランスや英国で始まり，日本では2020年の札幌から広まりつつある気候市民会議は気候変動や自然エネルギーの社会的受容性を考える上で，示唆に富んでいる。気候市民会議とは，無作為に抽出された市民を中心に，専門家のレクチャーも受けながら気候変動対策を議論し，政策提言を行うものである[18]。

多摩ニュータウンの一角を形成する東京都多摩市では，2023年５月から多摩市気候市民会議を開催し，市民や市内の高校に通う学生約45名が集まり，２週～３週間ごとに土曜日の午後を使って５回の会議を行った。「既存の団地を脱炭素・エコ団地に改修」，「環境研究都市・大学連携」，「製造から廃棄まで考慮した太陽光パネルの普及」，「楽しく歩いて移動できるまち」などのアイデアを掘り下げ，市民提案にまとめた[19]。阿部裕行市長は，気候市民会議に可能な限り出席し，気候市民会議を開催する狙いや意義について「多摩市をこれから持続可能な街にしていくためには行政だけでは不十分であり，若い方を含めて市民や企業の皆さんと一緒に取り組んでいかなければ到達できない。2050年のカーボンニュートラル実現に向けて，新鮮な意見や提案が出ており，感動している」と語った。

無作為抽出の市民が熟議を重ねる中で，各回のアンケート結果を見ると気候変動や自然エネルギーへの理解度や受容性が向上しており，今後の地域におけ

17　長野県，「長野県地域と調和した太陽光発電事業の推進に関する条例」について（accessed April.1 2024），https://www.pref.nagano.lg.jp/zerocarbon/20231016jyoureipe-ji.html

18　気候市民会議については以下などを参照。三上直之(2022)「気候民主主義：次世代の政治の動かし方」岩波書店，気候市民会議さっぽろ2020実行委員会(2021)「気候市民会議さっぽろ2020最終報告書」。

19　市民からの提案については以下からダウンロード可。多摩市ウェブサイト，多摩市気候市民会議（accessed September 20 2023）https://www.city.tama.lg.jp/kurashi/kankyo/hozen/1010569/1011170.html

る自然エネルギーの受容性や地域計画・施策を考える上でも重要な示唆を与える。

5　地域に受容されるビジネスモデル

(1)　多様なビジネスモデル

自然エネルギー事業の社会的受容性を高めていくために，制度による規制や誘導は一定の役割を果たすが，ビジネスモデルの工夫は常に必要である。

自然エネルギー事業への地域の受容性に影響を与える要素として，自然エネルギー事業による地域へのメリットとデメリットのバランスがあり，その事業が地域の未来像に貢献するかが挙げられる。そして自然エネルギー事業をツールとして，様々なステークホルダーをコベネフィットで巻き込むこともできる。コベネフィットとは，脱炭素方策に伴う副次的な便益であり，CO_2削減以外に地域の経済効果やまちづくり，市民参加や教育効果など様々なことが想定される[20]。そのため，地域のあるべき未来像から逆算して，それに資する自然エネルギー事業をステークホルダーとともに検討していくことが肝要である。

また，地域主体が自ら取り組む地域主導型事業や地域外の主体と地域の住民や事業者が連携して行う地域協働型事業では，より多くの便益が地域にもたらされ，地域とのコミュニケーションを丁寧に行うことが期待できる。加えて農業と両立する営農型太陽光発電事業，生物多様性に貢献する事業のように，これまでにないメリットを提供する事業形態も考えられる。以下では，それぞれの基本的な考え方と事例を簡潔に紹介する。

(2)　地域主導型事業

地域主導型事業は国際的にはコミュニティパワー事業とも呼ばれ，世界風力発電協会（World Wind Energy Association: WWEA）コミュニティパワー部会は以下の３項目のうち２つ以上を満たすものをコミュニティパワー事業と定義している[21]。

20　環境省，地方公共団体実行計画（区域施策編）策定・実施マニュアル（本編）（令和５年３月）（accessed May 8 2023）
https://www.env.go.jp/policy/local_keikaku/manual3.html#manuals

21　WWEA, Community Wind in North Rhine-Westphalia -Perspectives from State, Federal and Global Level (accessed April 1 2023), https://www.wwindea.org/wp-content/

1）地域の利害関係者が事業の大半もしくは全てを所有している
2）コミュニティに基礎を置く組織が事業の過半数の投票権を持っている
3）社会的・経済的便益の大半が地域に分配される

日本の地域主導型事業は2004年からの長野県飯田市のおひさま進歩エネルギーの取り組みが有名である。2011年以降，自然エネルギー事業全体が拡大し，地域主導型事業も大きく増えた。現在は，太陽光や風力以外にもバイオマス熱利用や小水力発電，電力小売などに取り組む団体もある。コミュニティパワー事業の更なる拡大に向けては課題も多いため，ネットワーク団体として，地域エネルギー事業体を多く含む一般社団法人全国ご当地エネルギー協会や，地域新電力が集まる一般社団法人ローカルグッド地方創生機構などが活動している。EUやドイツでは地域主導型事業への政策的支援を行っており，日本でも参考にすべき点が多い。

(3)　地域協働型事業

開発主体は外部であったとしても，地域に貢献する地域協働型の自然エネルギー事業はありうる。秋田県にかほ市で2012年３月から稼働している1,990kWの風力発電「夢風（ゆめかぜ）」は，東京・神奈川・埼玉・千葉の生活クラブ生活共同組合（以下，生活クラブ）が事業主体である。生活クラブは，地域に貢献する自然エネルギー発電所を作り，電力を選択して使うことを目指しており，専門家の支援を受けてにかほ市に候補地を定め，検討を進めた。

図 1-5　市民風車「夢風」

写真提供：生活クラブ神奈川

計画段階，建設段階，運転段階のそれぞれにおいて，生活クラブは地域住民とのコミュニケーション，生活クラブ組合員とのコミュニケーションを丁寧に行ってきた。さらに，都市部

uploads/2018/02/CP_Study_English_reduced.pdf

と地域でのエネルギーの繋がりを得意の農や食の分野に広げ，地域の農業者や加工品生産者とともに商品開発を行った。それらの売り上げは年間数千万円にも達する。

また生活クラブとにかほ市は連携協定やまちづくり基金などにより地域活性化のための協働を行なっている。

こうした地域協働型の自然エネルギー事業は，地域間連携とも呼べる。こうした取り組みを広く認知させ，制度的インセンティブを与えることも有益である。

(4)　営農型太陽光発電

営農型太陽光発電（ソーラーシェアリング）は，農地での作物栽培と太陽光発電事業を同時に行うものであり，日本全国に大きなポテンシャルがある。

福島県二本松市で2021年9月に竣工した二本松営農ソーラー株式会社による営農型太陽光発電事業は，地域主体による高収益農業との両立を目指す地域エネルギー事業の事例である。6haの農地に生食用ブドウ（図1-6）やエゴマを栽培しながら，高さ3mの架台に3.9MW（DC），1.9MW（AC）の太陽光発電を設置して発電を行っている。

図1-6　二本松営農ソーラーと育成中のブドウ

図1-7　長野県南牧村の営農型太陽光発電

長野県南牧村では環境エネルギー政策研究所と地域の若手農業者等が協力した1.6MWの営農型太陽光発電が2022年に竣工した（図1-7）。パネル下部では若手農業者がほうれん草栽培

図1-8　さがみこベリーガーデン

を行う。さらに，地域内外のステークホルダーと協力しながら地域づくりの拠点を整備している。

神奈川県相模原市のさがみこベリーガーデン（図1-8）では，最新のポット栽培によるブルーベリー栽培と約200kWの営農型太陽光発電を組み合わせている。会員制観光農園として夏には多くの家族連れや団体が訪れ，資源エネルギー庁の令和４年度「地域共生型再生可能エネルギー事業顕彰」にも選定されている。

営農型太陽光発電は農業と太陽光発電の両方の収入が期待できるが，農地の一時転用許可の手続きが容易ではないこと，新しいビジネスモデルに対する周囲の理解が得にくいことなどの課題があり，制度面でも社会面でも改善していく必要がある。

(5)　生物多様性に貢献する自然エネルギー事業

生物多様性の保全と自然エネルギー事業を両立させる取り組みは多くの実例がある。筆者は2022年11月にドイツとスコットランドを訪問し，その現場を見てきた。

図1-9　モースホフの生物多様性貢献型太陽光発電

ドイツ南部のモースホフ（Mooshof）では，地域エネルギー企業のsolarcomplex社が2011年に4.5MWの太陽光発電所ソーラーパーク・モースホフを設置した（図1-9）。ドイツでは自然保護や土地利用に関する法制度が厳しく，太陽光発電に限らず，開発にあたっては多くの環境保全対策が必要となる。この発電所では在来種の多

様性を考慮した草原を再現する，フェンスの下を30cmほど空けて小動物の通り道とする，周囲には鳥や虫が集まるよう実がなる低木を植える（図1-10），自然保護型の草刈機を使用する，ハチの巣箱を設置するなど多くの生物多様性に関わる方策を行なっている。さらに，こうした計画策定やモニタリングにはBUNDなどのドイツの著名な自然保護団体が関わっている。

図1-10　太陽光発電とフェンス，低木

図1-11　ホワイトリーウィンドファーム

スコットランド第2の都市グラスゴーから車で30分ほどの場所にホワイトリー（Whitelee）風力発電所がある。スコットランドらしい泥炭地の83㎢の敷地に2MW級の風車215基が立ちならぶ光景は圧巻である。この発電所は約30万人のグラスゴー市民のエネルギー需要に相当する発電量を誇る。

事業者であるScottish Power Renewablesは，生態系保全のためにRSPB Scotland（王立鳥類保護協会・スコットランド），自然保護団体NatureScotと連携している。風力発電所は希少種への影響を避けて設置されており，希少種のバードストライクはこれまでに記録されていない（コウモリが何匹が衝突した記録はある）。ホワイトリー地域ではクロライチョウやサシバをはじめとして90種類以上の野鳥が生息し，敷地内のみならず近隣でも生態系保全の取り組みを広く行なっている。筆者たちが訪問したときには，図1-11の水辺で，猛禽類のノスリがホバリングをしていた。

また同発電所は地域へのレクリエーションや環境教育の機会を提供している点も印象的である。マウンテンバイクのコースやトレイルコースが整備されて

図1-12　ウィンドファーム内を散歩する家族

おり，視察中には，犬の散歩をしている家族とも何度もすれ違った。こうした工夫も地域の受容性を高めている。

自然保護や土地利用に関する制度が異なる日本で，これらの取り組みをそのまま行うことは難しいが，生物多様性と両立するビジネスモデルや制度を提案すること，自然エネルギー事業者と自然保護団体との協働を進めること，コミュニティ的受容性への影響をより重視することなど，学べる点は多い。

6　社会的仕組みによる誘導

(1)　中間支援組織の取組

法制度やビジネスモデルに加えて，第三者組織による仲介や認証，ガイドラインの提示といった社会的な仕組みも，地域に受容される自然エネルギー事業を増やしていくために有用である。ここでは，ドイツの特徴的な２つの組織とその機能を紹介する。

KNE（Kompetenzzentrum Naturschutz und Energiewende：自然保護とエネルギー転換の専門センター）はベルリンで2016年に設立された独立組織であり自然保護と自然エネルギー，とくに風力発電に関する地域トラブルに対処してきた。設立当初は以下の３つの機能を備えていた。①適切な情報を提供し，地域トラブルを予防する情報機能，②地域トラブルに対し，メディエーターと呼ばれる仲介者を通して意見の調整や整理を行い，支援を行う相談機能，③州や連邦レベルでの制度的対応が必要な場合に対話の場を設ける対話機能である。その後，州政府が相談機能を担うことになり，KNEはメディエーターの質を確保・向上する役割を担いつつ，シンクタンクとしての存在感を高めている。

ThEGA（チューリンゲン州エネルギー・グリーンテックエージェンシー）はドイツ中部に位置するチューリンゲン州の機関であり，ThEGA風力エネルギーサービスセンターが地域への貢献を重視する風力発電事業者の認証「フェア・

図 1-13　ThEGA の認証マーク

ウィンドエネルギー」(図 1-13) を行っている。この認証の仕組みは 2016 年に開始し，60 以上ある大小の風力事業者のうち 43 が参加している（太陽光事業向けの認証も 2023 年夏から試行する予定)。事業者にとっては認証マークを持つことで地域住民の受容性が高くなることが期待できる。自治体にとっても地域への貢献を行うかどうかの初期の判断の助けになる。この認証は州政府の資金を活用して無償で行われている。

認証は地域の幅広いステークホルダーへの協力や透明性を重視しており，「フェア・ウィンドエネルギー」の 5 要件は以下の通りである[22]。

① 風力発電所の周辺にいるすべてのステークホルダーが，プロジェクトの計画段階から参加すること

② 現場でのプロジェクト関連情報の透明性の確保，支援・教育サービスの提供

③ 事業から直接利益を受けない地権者を含む，すべての影響当事者および住民の公正な参加

④ 地域のエネルギー供給会社や金融機関の関与

⑤ チューリンゲン市民，企業，自治体のための直接金融参加オプションの開発

日本でも，多くのステークホルダーと協力してこうした中間支援機能を担う組織を作っていくことは有意義であろう。

(2)　チェックリストの提案

環境エネルギー政策研究所は 2015 年に，環境 NPO・専門家・事業者団体との議論をもとに持続可能な社会と自然エネルギーのコンセンサス文書を公表

22　ThEGA, "Faire Windenergie Thüringen" (accessed March 31 2023), https://www.thega.de/themen/erneuerbare-energien/servicestelle-windenergie/service-fuer-unternehmen/

し，予防的アプローチや地域社会の合意を前提とする事業開発などを提言した。その後，自然エネルギーを取り巻く状況が変化していることもあり，2021年から太陽光・風力と社会的受容性をテーマとした研究会を開催し，各ステークホルダーに向けたチェックリストなどの策定を検討している。ここでは，その論点を列挙する。

事業者向け項目では，地権者や近隣地域などの直接の利害関係者だけでなく，流域の住民や自然保護の専門家など幅広い利害関係者への合意形成を図ること，計画段階から運営段階まで適切なコミュニケーションや丁寧な進め方により信頼を確保すること，地域のメリット（分配的正義）には様々な形があるため幅広く検討すること，事前のリスク把握を十分に測った上で不確実性が残るものについてはモニタリングと順応的管理を行うことなどを挙げている。

地方自治体向けには，4節で述べたことを含めている。特に，地域の脱炭素に向けた望ましい自然エネルギー事業の在り方を議論し，総合計画などに位置づけること，地域の自然エネルギー条例は規制だけではなく，地域にとって望ましい自然エネルギー事業を促進する制度も含めること，地域のベネフィットを考慮することなどを挙げている。

さらに，地域住民を含めた各ステークホルダー共通の項目として，個別の事業の可否だけでなく，地域のあるべき脱炭素方策も考えること，計画段階から運営段階まで，コミュニケーションの機会を活用すること，リテラシーを身に付けること（誤情報に惑わされないこと）などを挙げている。

加えて，PPA（電力調達契約）を行う企業が増えていることから，そうした企業向けにも自然エネルギー電気を調達する際に，持続可能で社会的受容性を考慮した事業であるかを十分に検討すること，自然エネルギーによる乱開発に加担しないよう，価格のみならず地域や環境への影響を十分に調達側としても検討すること，地域主導型や自然共生型の価値を考慮し，適正な価格での調達を検討することなどを挙げている。また金融機関には，金融機関の責任として，丁寧なコミュニケーションやモニタリング，追加的対策や順応的管理を行う事業者が報われるよう金融面での優遇措置を検討すること，適切な対策を行わない事業者に対して指導を行うこと，社会的受容性や評判リスクは金融機関自身にも関わるため，適切な監視を行うことを挙げている。

最後に，環境保護団体には，持続可能性に懸念がある事業に対して，調査や提言を行うだけではなく，モニタリング含めた事後的な保全措置にどう関わるかを検討すること，生物多様性貢献型の自然エネルギー事業などを提案し，そうした事業を行う事業者を増やしていくことを挙げている。

おわりに

本稿では日本における自然エネルギーの普及状況とそれに伴う地域トラブルについて概説し，今後の自然エネルギー政策，ビジネスモデルや社会的仕組みについて述べてきた。現在の太陽光発電や風力発電の地域トラブルの原因は自然災害発生の懸念や景観への影響，自然環境への影響などが挙げられ，一定の対策は行われているものの不十分である。その背景には，エネルギーや気候変動分野では省庁の縦割りや従来型のエネルギー政策の影響，全国的な社会的合意の不在が見られる。加えて，問題の根底には，日本の土地利用／開発制度のあり方や自然保護制度の弱さ，地方分権の不十分さも関わっている。

こうした現状を一朝一夕に覆すことはできないが，地域主導や地域協同型で地域にコベネフィットをもたらすエネルギー事業を増やしていくため，国や地方自治体の制度，事業者やステークホルダーが関わるビジネスモデル，有識者や第三者機関が関わる社会的仕組みを変えていく必要がある。

〈謝辞〉　本章の内容の一部は，公益財団法人日本生命財団2020年度学際的総合研究助成［立地地域に資する再生可能エネルギー事業を実現する社会的仕組み］（研究代表者：丸山康司）の助成の成果である。

2 地域と調和した再生可能エネルギー ── 地域トラブルの規定要因から照射する基本的視点

茅野恒秀
（信州大学）

はじめに

脱炭素社会の早急な構築という世界共通の目標に基づき，エネルギーの効率化によるエネルギー大量消費社会からの脱却と，化石燃料から再生可能エネルギー（再エネ）への転換の2つの取り組みは世界共通の政策課題となっている。日本の再エネ技術は，1973年のオイルショックを契機とした「サンシャイン計画」などによって先駆的に開発が進んでいたものも少なくないが，2000年代までは導入を支援する政策枠組みの貧弱さのゆえ，常にエネルギーの傍流としての位置づけを余儀なくされてきた[1]。

2011年3月11日の午前に閣議決定された「電気事業者による再生可能エネルギー電気の調達に関する特別措置法」（再生可能エネルギー特措法）が同年8月に可決・成立し，翌12年7月より再エネの固定価格買取制度（Feed-in Tariff，通称FIT）が発足した。固定価格買取制度は，経済産業省が組織する調達価格算定委員会の意見をふまえて政府が決定した価格と期間で，再エネによって発電された電力を電力会社が発電事業者から買い取る義務を負う制度である。買取費用は電気料金に賦課する形で利用者が負担し，再エネ事業者へ支払われる。この制度の国家的な導入は，1990年にドイツで制定された電力供給法にもとづくものが最初であると言われ，再エネの普及段階におけるもっとも有効な政策手段であると評価される。FITは日本においても政策的効果を発揮しており，自然エネルギー財団によれば，日本の全発電量に占める再エネ

1 「新エネルギー」という呼称がその象徴である。

（大規模水力を含む）の割合は，2010年に9.5％だったのが，2021年には20.3％と急増している[2]。国の第６次エネルギー基本計画（2021年）では，2030年の時点でこれを36～38％までさらに増大させることになっている。

こうした再エネの急激な増加に伴って，さまざまな地域トラブルが発生している。日本だけでなく世界各地で，とりわけ規模の大きな太陽光発電（メガソーラー）や風力発電（ウィンドファーム），地熱発電等の事業が，国レベルないし国際市場で事業を展開する企業によって担われ，立地地域ではさまざまな社会問題を生み出してきたという実態があり，再エネの社会的受容性の獲得は，普及に際して重要な課題と目されてきた（Devine-Wright, 2011，丸山，2014）。丸山康司は，再エネの社会的受容をめぐって，社会全体という枠組みで顕在化する課題と，立地地域特有の課題という２つの文脈があるとする。丸山は，とくにローカルな領域における問題には複雑性や不確実性があり，「メリットやデメリットが具体的に誰にどのような形で存在するのかによって，エネルギー事業は地域のためにもなりうるし，一部の人のための金儲けの手段や他所の人たちの満足のためにもなりうる」と指摘する（丸山，2014：27）。これに対して，世界風力エネルギー協会が作成した「コミュニティパワーの３原則[3]」をはじめとして，発電事業者によって国内外でさまざまな実践が展開されているほか，政府もたとえば2013年11月には，「農林漁業の健全な発展と調和のとれた再生可能エネルギー電気の発電の促進に関する法律」（農山漁村再生可能エネルギー法）が成立し，再エネの導入を通じて農山漁村の活性化を図ろうとしている。

このように地域と調和した再エネの必要性は，導入拡大の初期段階から指摘され，具体的取り組みや政策展開が存在するものの，全体として再エネが「追い風」を受けつつ「向かい風」にも直面している実態がある。本稿では，FITの開始後，その導入の大部分を占めている太陽光発電を対象に，筆者が研究の拠点とする長野県における再エネ事業の実状を多角的に検証することによっ

2　自然エネルギー財団「発電量に占める自然エネルギー（大規模水力含む）の割合推移」https://www.renewable-ei.org/statistics/energy/?cat=electricity（2023年５月閲覧）

3　①地域の利害関係者がプロジェクトの大半もしくはすべてを所有している。②プロジェクトの意思決定はコミュニティに基礎をおく組織によって行われる。③社会的・経済的便益の多数もしくはすべては地域に分配される。この３つの基準のうち，少なくとも２つを満たすプロジェクトを「コミュニティパワー」とする考え方（飯田・環境エネルギー政策研究所，2014：35）。

て，地域と調和した再エネ事業を進めるための基本的視点を整理したい。

1 「太陽光発電問題」の基本構図

太陽光発電は計画から開発に至るリードタイムの短さから，FIT の発足後，全国に急速に拡大した再エネの中心的な存在となっている。経済産業省の統計によれば，2022 年 12 月末の時点で 8050.31 万 kW（新規認定分＋移行認定分）の再エネが FIT に基づいて導入されているが，そのうち 85% を占める 6878.5 万 kW が太陽光発電による[4]。筆者はこれまで，FIT が再エネを大量導入するための「需要プル」政策として作動したと評価しつつ，その「意図せざる結果」として太陽光発電ビジネスを過熱させたこと，そして再エネを成立せしめる自然資源は本来的に地域に存するものであるにもかかわらず，地域の外から進出した事業者による事業が様々な社会問題を生じさせていることに注意を払ってきた（茅野，2016，茅野，2020）。

図 2-1 は『朝日新聞』の記事データベースから「メガソーラー」の語を含む記事の数を年毎に集計したものだ。再エネの業界には多くの和製英語が存在するが，この語も日本社会の中にすっかり定着した感がある。記事数の推移に着目すると，FIT の発足当初はメガソーラーの新設そのものに注目が集まり，

図 2-1　「メガソーラー」の語を含む記事数（朝日新聞クロスサーチを用いて筆者作成）

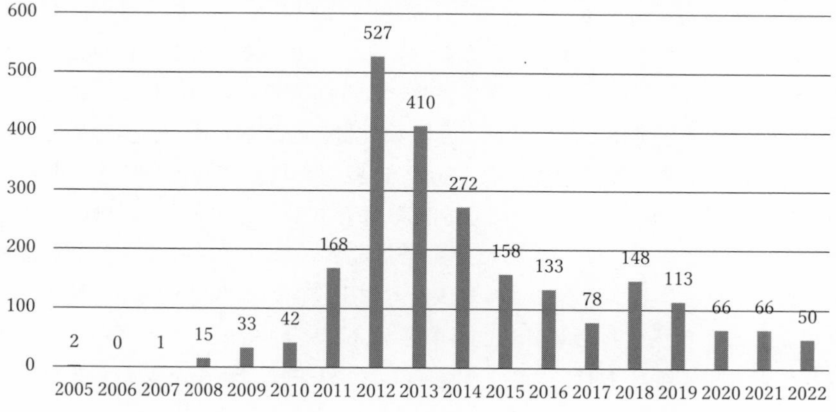

4　再生可能エネルギー電気の利用の促進に関する特別措置法　情報公表用ウェブサイト https://www.fit-portal.go.jp/PublicInfoSummary　（2023 年 5 月 10 日閲覧）

以後2017年までは徐々に記事数が減っていく。これはメガソーラーの存在が一般化するにつれて，新規性という観点からの社会的注目が失われていった結果と推測することが可能である。ところが2018年には前年に比べて記事がほぼ倍増した。同年に掲載された148件の記事を筆者が全て読解したところ，およそ6割にあたる90件の記事が事業者と地域住民との対立を報じたものであった。つまり，地域社会からの反対の声が増加したことに起因する。2017年に政府は未稼働案件への対応を開始した。これによって事業者が着工・完工を急ぐことによって各地で地域トラブルが増加したと考えられる。

再エネが有する特性のうち，火力発電所や原子力発電所と異なる点は化石燃料の燃焼に伴う二酸化炭素や，ウラン燃料の燃焼に伴う放射性廃棄物の排出を伴わないことだけでなく，小規模分散型の立地が進むという点がある。これは面積あたりのエネルギー生産量が少ない技術特性とともに，大規模集中型の施設がしばしば受益圏の広がりと受苦圏の局地化という環境正義上の格差を生み出してきたことをふまえ，その転換を図るという社会的要請の2つの文脈がある。

しかし，FITが需要を喚起して大量導入を図ることで導入コストの低下をもたらす政策として設計されているように，再エネにも「規模の経済」が働くゆえに，規模が大きくなれば単位あたりの建設コストは下げられることになる。メガソーラーはそうした「規模の経済」を志向する事業の典型例で，投下される資本の規模も大きいため事業の担い手は限られる。それゆえ，エネルギー転換の社会的要請が広く共有されながら，いわゆる「NIMBY[5]」施設としての性格が現れうる側面を有する。建設に伴う経済効果を期待する主体と，環境破壊を懸念する主体とが地域を二分する争論を展開することが少なくない。やはり経済産業省の統計によれば，2022年12月の時点で建設を終え，発電を開始しているメガソーラーは全国に8536件存在し，その設備容量は2650万kWで，FITによって導入された太陽光発電所の38.5%を占める。多くは大都市圏を拠点とする事業者によって，地方に建設される外来型開発の性格は，事業進出に伴う「社会的亀裂」に拍車をかける[6]。つまり，メガソーラーに代表される大規模再エネ開発には，「従来型かつ外来型の開発を支えてきた社会

5　“Not In My Backyard”の略称。
6　こうした構図は，日本社会における大規模水力発電所や火力発電所，原子力発電所の立地過程と同じものとして認識されている向きさえある。

構造と，中央と地方の社会関係が維持されている側面」（茅野，2016：60）に起因する問題群が傾向的に露呈しやすいのである。

2　長野県内における太陽光発電問題

長野県は，全国に8県と限られる「海なし県」の一つである。山岳地帯が多いため風力発電が見込めず，2050年のカーボンニュートラルをめざすにあたって電力黎明期からの歴史を持つ水力発電とともに太陽光発電が担う役割が極めて大きい。丸山康司らによる再エネの社会的受容に関する共同研究では，長野県は太陽光発電に伴う地域トラブルがもっとも多く，次いで山梨，静岡となることが明らかになっているが，これら地域は「日射量が多く，開発対象となりやすい山林や共有地が多いことが主な要因」とされる（丸山・西城戸編，2022：28）。

(1)　長野県内の太陽光発電問題の概略経過

県内で最初に知られるようになった問題は，上田市丸子地区の生田飯沼における10.5MWのメガソーラー計画である。中流部が土砂災害特別警戒区域（土石流）に指定された大沢の最上流部にあたる約20haの山林を開発するもので，1980年代から幾度となく土砂災害に悩まされてきた下流域の飯沼自治会は2013年8月，反対決議書を事業者と長野県知事に提出した。この計画は後に事業者が変更となり，2023年に事業計画認定情報のリストから消えた。

2014年10月には，茅野市蓼科中央高原で農地を転用した計247kWの事業計画に対して景観問題が生じた。茅野市は同年9月にガイドラインを導入しており，事業者が説明会を開くなどしたが，景観悪化を懸念する住民や観光関係者と合意できず，同年11月に着工，反対住民は中止を求めて地裁に仮処分を申し立てた。翌年3月に和解したが，この問題への対応は同年の市長選でも大きな争点となった。

長野県は2015年5月，県関係部局と県内21市町村からなる「太陽光発電の適正な推進に関する連絡会議」を設置し，2016年6月に『太陽光発電を適正に推進するための市町村対応マニュアル』を策定した。それに先だって2015年9月には林地開発許可制度の技術基準を改正，10月には県環境影響評価条例を改正し，敷地面積50ha以上の太陽光発電事業を環境アセスメントの対象とした。

このような反対運動の広がりや県・市町村による対応の制度化を要因にして，2017年以降，事業者が撤退を決断する事業計画も出ている。（株）レノバは，富士見町境で計画した24MWの事業の中止をいち早く中止した（2017年1月）。2020年3月には佐久穂町大日向と海瀬で計110MWを計画した（株）一条メガソーラーが計画縮小を表明し，同年8月には中止した。20年6月には（株）Looopが諏訪市で計画した92.3MWの事業も中止となっている（後に詳述）。

この他，2021年には伊那市西箕輪で事業者が市への届出内容と異なる切り土・盛り土を行った結果，埋蔵文化財を損傷したことが明らかになった事例や，塩尻市塩嶺高原では林地開発許可を得て施工中の現場で，豪雨により2度にわたって沈砂地と調整池がオーバーフローし，市道や近隣の畑に土砂等が流入した事例がある。問題の所在は土砂災害リスクの増大，景観破壊や文化財の保全など様々で，事業規模も様々である。

次に象徴的な3つの事例を詳しく見ながら，太陽光発電による地域トラブルの規定要因の抽出につながる具体的教訓を析出してみよう。

(2)　事例1：諏訪市における「土地問題」としてのメガソーラー問題

観光地として，またエアコンのブランド名としてその名が知られる霧ヶ峰の中腹に長野県内最大のメガソーラーが計画され，多くの社会的関心を集めるに至り，2020年6月に中止となった（茅野，2022a）。

事業は2012年度に75MWでFIT認定を受けたもので，地権者は地元集落を母体とする牧野農業協同組合と共有地組合であった。予定地は国定公園や天然記念物に指定された霧ヶ峰高原から麓の集落までの間にある約200haの土地で，一帯は古くから採草地として利用され，採草慣行や薪炭利用が失われてからは植林や天然更新で樹林化した山林である。長野県環境影響評価条例に基づく環境アセスメントの対象となり，2016年に方法書，2019年から準備書の手続きが行われた。県の技術委員会からは水象（災害リスクや上水道の水質）を中心に厳しい指摘が相次ぎ，アセス準備書に875人が意見を提出した。アセスの手続きが完了しないまま2020年3月にはFITの2012年度買取価格（40円+税／kWh）の期限を迎えるとともに，国の環境影響評価法の対象にもなった。買取価格が18円/kWhに下がったことを受け，2020年6月に事業者は中止を表明した。

この事例は，山林開発と大規模な土地造成を伴う巨大なメガソーラー事業が，水象を主な争点に，下流域から始まった反対運動が地域社会に広く関心を呼び起こした結果，事業者の撤退に至った象徴的な事例と解することもできる。一方で，予定地は県による観光道路開発によって多くの観光客を引き寄せることとなった霧ヶ峰高原の中心からはやや外れ，林業の構造的不振によって森林の経済的価値が凋落して以降，列島改造ブームに乗った1970年代前半と，1990年前後のリゾート法・バブル経済期の2度にわたって，大手資本によるリゾート開発進出構想が浮上しては消えた土地だった。1970年代と1990年代の2度の開発構想に対しても，やはり下流域の市民から自然保護を求める声があり，論争となった。こうした土地の来歴や，先祖伝来の山林を森林資源としても，また観光資源としても活用する展望を描けず，3度目の“外来型開発”となるメガソーラーに期待をかけざるをえなかった地権者たちを取り巻く社会構造を的確につかめず，事業者は地域社会に生じた溝を埋めきれなかったとも言えるのである。

(3)　事例2：富士見町における土砂災害が懸念された事業計画

明治末に鉄道大臣や司法大臣を歴任した富士見町出身の政治家・小川平吉が設けた別荘「帰去来荘」は1910年に建てられ，総理大臣を務めた犬養毅や作家の田山花袋なども訪れた。小川の死後，親族が管理していたが売却され，2018年3月にFIT認定を取得した外資系企業が1080kWの事業計画を立てた。予定地は糸魚川—静岡構造線断層帯で確認されている断層の直上に位置し，斜面崩壊が周辺に生じている。直下には土砂災害特別警戒区域，同警戒区域が隣接する。1982年には300mほど西北で土砂崩落が発生し，2名が亡くなる災害が発生した。事業計画は林地開発許可制度の対象とならない1ha未満となるよう任意境界線を事業者が設定し，高齢級の広葉樹・針葉樹林を伐採，切り土・盛り土の施工を含むものだった。

小川がここを別荘に選んだのは，八ヶ岳と富士山を望む眺望の良さがあったが，それは活断層によって隆起し，小規模崩壊を続ける丘陵地帯のいわば縁（ふち）に位置する立地条件ゆえのことであった。近隣の3つの自治会を対象とした説明会で，住民は過去の災害に触れその特性を指摘したが，事業者は工法によって安全に施工可能との立場を崩さず，3区はそろって反対を決議するに至った。富士見町は外部有識者による開発審査アドバイザー6人（筆者を含む）を委嘱し，町環境保全条例に基づく開発計画申請への対応に備えていたところ，2022年12月に事業者が撤退を表明した。

こうした事案を契機に，富士見町は2019年に施行した「富士見町太陽光発電設備の設置及び維持管理に関する条例」を2022年に改正し，10kW以上の地上設置型太陽光発電については，近接住民及び関係区からの同意を許可要件とする旨を加えた。

(4)　事例3：安曇野市における市営公園に隣接した事業計画

北アルプスから流れる黒沢川沿いに2007年に開園した黒沢洞合自然公園は，地元である安曇野市立三郷中学校の生徒が総合学習の一環として現地調査や整備計画の立案に携わり，里山の動植物の保全と自然観察を楽しむために造られた市営公園である。この公園に隣り合った私有林0.65haを兵庫県の事業者が購入し，683kWの太陽光発電所を計画した。

予定地は黒沢川の河岸に成立した雑木林で，一部が土砂災害警戒区域に指定されているものの，河道からやや離れており他に防災上の制度的制約はない。しかし住民は急傾斜地としての土地条件に加え，公園成立の経緯や市の公園活用方針に逆行するとして，良好な生活環境の維持を求めた。安曇野市には「安曇野市の適正な土地利用に関する条例」があり，事前協議を経て，2022年11月に事業者が同条例に基づく特定開発事業の認定申請を行ったが，2023年1月に市は周辺住民の理解を得るための事業者の取り組みが不十分である等の理由により，事業計画を不認定とした。

法制度に基づく土地利用規制の網がかかっておらず，希少な絶滅危惧種の生息地に当てはまらない土地であっても，地域にとって大事な価値を有する場合がある。環境アセスメントでは「人と自然との豊かなふれあい」として位置づけられる観点であるが，アセスの対象とならない規模の開発にあっては，こうした観点は見過ごされがちであり，地域外から進出した事業者は，その価値の大きさに想像が及ばないことも多い。この事例では，事業者が自らの事業の適法性を主張すればするほど，黒沢洞合の歴史や人の関わりに価値を見出す住民との溝が深くなる結果となってしまったのである。

(5)　複雑な地域トラブルの規定要因

以上の3事例は，いずれも地域住民から反対の声が上がり，事業者は撤退することとなった。これらの地域トラブル事例には，大きく３つの問題が複雑に絡みあっている。

①「土地問題」としての根底的性格

第１に太陽光発電問題の根底にある「土地問題」としての性格である。とりわけメガソーラーは，土地所有の細分化が進んだとされる現代においては例外的に「まとまりをもった土地」を必須条件とする。この条件を満たす土地は，青森県のむつ小川原開発用地のように，政策的な土地買収によって広大な用地を確保した例を除けば，多くは近代的土地所有が浸透する過程にあっても共有的性格が維持され続けた土地が少なくない。霧ヶ峰の事例に限らず，長野県内でメガソーラー開発の対象となった大面積の土地は，ほぼ例外なく共有地またはかつての「入会」の歴史を有する土地であった。入会の歴史は近世にまでさかのぼるが，財産区や牧野農業協同組合などが所有する山林や牧草地など，今もその原型をとどめているものに限らず，近年メガソーラーに転用されることの多いゴルフ場も，歴史をたどれば共有地を開発したケースが多い。まとまった面積の土地が，一者ないし少数の者によって所有されていれば，事業者にとって地権者との交渉というハードルが大幅に下がる。さらにこうした共有地は，過疎高齢化で土地の維持管理が困難化している例が多く，地権者が土地を所有し続けるインセンティブは失われている。こうした土地はこれまでも幾度となく開発の波にさらされ，都度，その是非をめぐって地域に社会的亀裂をもたらしてきた。また，過去に開発構想があったゆえに，行政が保安林など土地利用の規制をかけることを控えがちになりやすいという事情も存在する。

自然エネルギー財団（2017）によれば，日本の土地制度は，基本理念を定める土地基本法，国土利用計画や土地利用基本計画を定める国土利用計画法は存在するものの，実際には都市計画法，農振法，森林法といった各法の影響力が大きく，地方自治体が包括的な規制権限をもち「計画なくして開発なし」の原則に立つ欧米と比べて，部分的かつ硬直的な性格を有している。土地利用に関する総合調整機能の欠落あるいは弱さは，土地利用計画より所有者の意向優先の構図の中でしばしば「乱開発」を引き起こしてきた。高度経済成長期，バブル期にも同様の問題に直面したが，その教訓が土地政策に活かされてこなかったことの悪影響が，いま再エネの最大限導入という政策課題をも縛っている。

②　社会的制御方策の課題

第2にルール設定の問題を指摘することができよう。総論的にいえば，地域トラブルを未然防止するためには，事業の早い段階で情報を広く公開し合意形成を図ることが肝要となるが，現実にはFITの発足後，様々な社会的制御方策が後追いで打ち出されてきた。その結果，現在においては，とりわけ山間部における太陽光発電は近隣住民に災害リスクを過度に分配してしまっていると言って過言ではないだろう。この点で，林野庁が2023年度から太陽光発電事業を対象に林地開発許可制度の適用基準を1haから0.5haに規制強化したことは評価するが，災害防止という観点からは，さらに土砂災害特別警戒区域等の指定と運用のあり方も見直されるべきであろう。上述の「土地問題」としての性格と絡むが，私権の制限を伴う同区域の指定は，被害を及ぼす可能性のある明確な保全対象となる財産（建物等）の存在がこれまで前提となってきた。このため建物等の密度が希薄な中山間地では指定が不十分になりがちである。現在の制度運用は「レッドゾーンでなければ合法」というメタメッセージを，事業者に送ってしまっている可能性がある。

なお，再エネ拡大に伴う地域トラブルの解決手段として，住民からは環境アセスメント制度の機能強化を期待する声がしばしば聞かれる。しかし，日本の環境アセスは公共事業を中心に形成されてきた歴史的経緯がある（発電所も当初から対象であったが，それはかつて地域独占体制をとっていた旧一般電気事業者が行う，公共事業的な性格の色濃いものであり，総括原価方式の中ではアセス費用等も十分確保できた）。これに対して現下の再エネ事業は市場競争下で行われるものであり，いわゆる事業アセスに特化した日本の環境アセスとの相性が良くない。事業アセスは地域固有の自然的・社会的価値を丁寧に拾いにくく，一律基準に沿った効率的な調査に基づく評価は，かえって事業者と住民のコミュニケーションを隘路に導いてしまう可能性すら否定できない。

③　事業者のコミュニケーションや事業遂行能力

第3に，事業者に起因する問題がある。土地の来歴や特性を把握した上で，早期に広く地域社会との合意形成に取り組んでいる事業者が大勢を占めることを期待するしかないが，現実に地域トラブルを引き起こしている事業者については，住民説明会のたびに社名が変わる，住民の信用を失う言動が目立つ，本社所在地へ住民が訪れたところ実体に疑念を抱かざるを得ない状況であった，等々のエピソードに事欠かない[7]。

現実に生じている問題の後追いとなりながら，環境アセスメントや林地開発許可，ゾーニングや自治体の条例による合意形成の促進など，これまで政府・地方自治体は地域トラブルの未然防止・解決策を打ち出してきた。他方で，FIT による認定を早期に取得しつつも，まだ運転開始に至らない「未稼働案件」を抱えている事業者は，土地をすでに購入済みである等，後戻りできるタイミングをしばしば失っているケースが多い。新たな制度が影響を及ぼすことができる範囲も限られる。そもそも「未稼働案件」とは，長年にわたって着工，稼働させることができなかった案件でもあるということを忘れてはならない。

3　地域の発電所悉皆調査，住民意識調査の結果が示唆するもの

ここまで地域トラブルの個別事例をもとに太陽光発電問題の構図を示してきたが，トラブル事例に限らず，現存する太陽光発電所の実態はどうなっているのだろうか。またそれらを地域住民はどのように見ているのだろうか。

(1)　標識の整備率は6割程度という実態

2020年，筆者は長野県松本地域（松本市，安曇野市，朝日村，山形村の2市2村）に所在する全ての太陽光発電所の立地状況把握を試みた（茅野，2022b）。再エネ特措法第9条第5項に基づいて経済産業省が公表している「事業計画認定情報」は，同省のFITに関するウェブサイト「なっとく再生可能エネルギー」に掲載されている。都道府県ごとに分かれたMicrosoft社Excel形式のファイルが定期的に更新・公表され，2023年の時点では，①設備ID，②発電事業者名，③事業者の住所・電話番号，④発電設備区分，⑤発電出力，⑥発電設備の所在地，⑦新規認定年月日，⑧運転開始報告年月，⑨地域活用案件の該当有無，⑩太陽光発電パネル廃棄費用の積立状況，⑪調達期間終了年月，が記載された一覧情報がダウンロード可能となっている。2020年3月に公表された2019年12月時点での情報によれば，松本地域の2市2村（上述）で1165件の太陽光発電所が設備認定を受けていた。これを基盤情報と位置づけ，発電設備の所在地を手がかりに，立地状況の把握を試みた。

7　これらは全て筆者が住民から聞き取った内容である。

把握の方法は，まずGoogle MapおよびYahoo! 地図の航空写真判読を行い，屋根設置型と地上設置型に大別した（図2-2および図2-3)。

その上で，図2-2のように航空写真で明確に屋根型と判読可能なもの以外について全て現地踏査を実施し，立地状況を現地で確認した。現地確認調査は2020年9月7日から12月5日の間に，のべ22日をかけて行った。現地確認調査では，①位置を特定し地図に記録，②立地形態を識別した。野立て型については，③現況写真の撮影，④標識（図2-4）の有無と記載情報の確認，⑤柵塀の有無（図2-5，図2-6）と状況の確認のそれぞれを記録した。

調査の結果，1165件の太陽光発電所の82.4%にあたる960件の立地形態を識別できた。残る205件の多くは運転開始前の「未稼働案件」と解釈でき，2020年秋の時点で松本地域に実在する太陽光発電所のほぼ全てを網羅する情報が得られたと考えられる。

立地形態は，屋根型が533件(55.5%)，地上設置型が407件(42.4%)，営農型が13件(1.4%)，地上設置・屋根併設型が5件（0.5%)，駐車場型が2件（0.2%)であった。なお，地上設置型のうち177件はいわゆる「低圧分割」案件と判断でき，実質は36件である（複数の事業者が低圧分割案件を構成して

図2-2　屋根型太陽光発電所の判読例（松本市内）

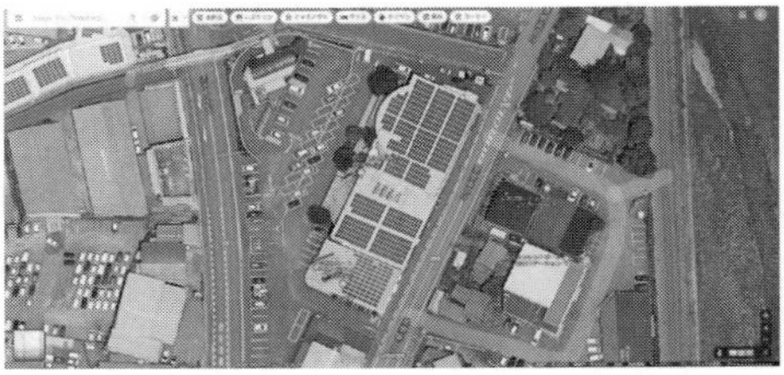

図2-3　地上設置型太陽光発電所の判読例（松本市内）

図2-4　標識のイメージ（経済産業省）

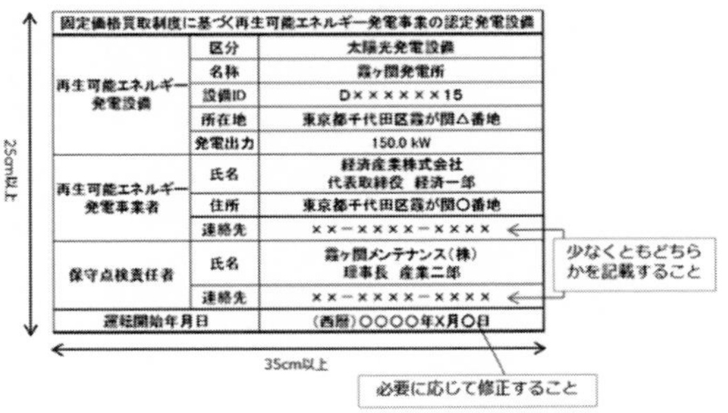

図　標識のイメージ

固定価格買取制度に基づく再生可能エネルギー発電事業の認定発電設備		
再生可能エネルギー発電設備	区分	太陽光発電設備
	名称	霞ヶ関発電所
	設備ID	D××××××15
	所在地	東京都千代田区霞が関△番地
	発電出力	150.0 kW
再生可能エネルギー発電事業者	氏名	経済産業株式会社 代表取締役　経済一郎
	住所	東京都千代田区霞が関○番地
	連絡先	××－××××－××××
保守点検責任者	氏名	霞ヶ関メンテナンス(株) 理事長　産業二郎
	連絡先	××－××××－××××
運転開始年月日		(西暦)○○○○年X月○日

るケースも少なくない)。こうした案件は，本来，高圧で系統に連系されるべきものであり，政府は2014年以降，低圧分割のFIT認定を認めていないが，今なお分割案件が新設されているケースがある。

図 2-5　地上設置・柵あり・標識あり（松本市内）

図 2-6　地上設置・柵なし・標識なし（松本市内）

407件の地上設置型のうち，再エネ特措法で設置が義務付けられている標識を整備しているものは，建設途中および接近不能で識別できなかった6件を除く401件の62.3%にあたる252件にとどまった。同様に柵塀の整備率は86.1%（346件）であった。標識と柵塀は，2017年4月の再エネ特措法改正以前に認定を受けた発電設備についても，1年の経過措置期間の後，未整備は全て行政指導の対象となっている。経済産業省は，標識の掲示がされていない場合，太陽光発電所が地域における公衆安全や生活環境を損なうおそれがある際に管理責任を負う者が不明となり，危険な状態への速やかな対応ができないとして，注意喚起を行って整備を促している。しかし，法整備から調査時点まで3年以上が経過してもなお，4割近くで標識が未整備という実態が明らかになった。このように基本的な法令遵守が徹底されていない現状が地上設置型の太陽光発電所に広く見られるようでは，地域住民の不信感を生むことは想像に難くない。

(2)　森林開発を伴う太陽光発電への拒否感

筆者が2018年1月に上田市選挙人名簿から無作為抽出した1000人を対象に実施した意識調査（有効回収率63%）では，太陽光発電の設置場所の適否について，住宅や事業所の屋根から山間部の森林まで6つの類型を提示し，それぞ

表 2-1　太陽光発電の設置場所の適否

	積極的に設置すべき	場合によって設置してもよい	できれば設置すべきでない	設置すべきでない
住宅や事業所の屋根	43.3% (259 人)	51.2% (306 人)	3.7% (22 人)	1.8% (11 人)
住宅や事業所内の空きスペース	17.4% (100 人)	60.2% (347 人)	16.7% (96 人)	5.7% (33 人)
平野部の空き地	13.5% (78 人)	53.8% (310 人)	19.4% (112 人)	13.2% (76 人)
耕作放棄された農地	18.8% (112 人)	54.0% (322 人)	17.1% (102 人)	10.1% (60 人)
山間部の開発済みの土地	11.8% (68 人)	47.9% (277 人)	23.2% (134 人)	17.1% (99 人)
山間部の森林を伐採して設置	3.1% (18 人)	11.6% (67 人)	17.9% (104 人)	67.4% (391 人)

れに「積極的に設置すべき」から「設置すべきでない」まで4つの尺度を設けて聞いた。

結果は表 2-1 のとおりで，住宅や事業所の屋根では 90% 以上の人が，また耕作放棄地や平野部の空き地でも 70% 前後の人が設置に賛意を示す一方で，森林伐採を伴う太陽光発電については，85% の人が否定的な反応を示している。山間部の開発済みの土地については 60% 近くが設置に賛意を示していることから，とりわけ森林伐採を伴う太陽光発電への警戒感が，人びとの間に広く共有されていると見るべきであろう。

4　地域と調和した太陽光発電のあり方

再エネの大量導入初期において，導入コストを下げるための政策手段としての FIT の有効性は世界各国で認められている（Mendonça et al., 2009 = 2019）。日本でも太陽光発電設備の価格は順調に下がっており，「需要プル」政策としては適切に作動してきた。一方で，主要には山林開発型の太陽光発電の急増とそこに端を発する地域トラブルの増加を契機として，太陽光発電のポテンシャルに対して逆風となる問題状況や人びとの意識が芽生えていることも否定できない。これらはFITの副作用や制度設計のミスだけに原因を帰着させることはできず，むしろ包括的な土地利用計画の欠如に代表される，再エネ大量導入を可能とするための社会的条件が日本社会には整っていないことに起因する。

2023年7月，長野県環境審議会に設けられた「地域と調和した再生可能エネルギー事業の推進に関する専門委員会」は，「地域と調和した再生可能エネルギー事業の推進に向けた条例の制定に関する検討報告書」をまとめた。この報告書では地域と調和した再エネ事業を，「防災面や環境・景観面などの住民懸念の払拭や地域社会の持続的な発展に配慮するとともに，情報の公開及び参加の機会を確保することにより，地域と信頼関係を構築すること」と定義した。これを受けて新たに制定した県条例では，全ての区域において事業による環境と景観への配慮を促進し，地域森林計画の対象となる民有林などを「特定区域」とし，同区域での地上設置型太陽光発電所の建設には知事の許可を必要とした。さらに事業者が事業計画の基本的な事項を早期の段階で県に提出し，それを県が速やかに公表することによって，県民が事業計画の存在を早期に把握できる仕組みを整えている。

県は2019年に「信州屋根ソーラーポテンシャルマップ」を作成・公表して，屋根への設置を推進しているが，2050年目標の達成に向けて，屋根への設置だけでは必要な太陽光発電の容量が不足していることは県等の試算でも明らかになっている。長野県に限らず，2050年のカーボンニュートラルを実現する上で，太陽光発電がエネルギー転換の鍵を握る地域資源であることに疑いの余地はない。そのポテンシャルを存分かつ適正に活かすためには，市場メカニズムに普及を委ねるだけでなく，屋根，駐車場や空き地，遊休荒廃農地など，その土地本来の機能を損なわない形での立地が可能な地点への優先的な配置を誘導する政策が必要である。さらに，多くの自治体が2050年目標の達成に向けた地球温暖化対策実行計画を策定し，多くの企業が事業活動に伴う温室効果ガスの排出削減を求められ，すでに行動に移し始めていることから，今後，再エネ事業の趨勢は普及政策としてのFITを中心とするものから，自家消費型やPPA（Power Purchase Agreement）など環境価値を伴った形での導入に急速に移り変わっていくことが予想される。つまり，投資目的の事業者や案件開発に特化したディベロッパーが，不十分な社会的制御方策の下で開発を推し進めていく図式が過去のものとなる日が遠くない。今後はますます，屋根太陽光発電のポテンシャルを的確に見きわめた上で，どれだけの地上設置型太陽光発電が地域内に必要となるかを見定め，地球温暖化対策法で定める促進区域制度等を存分に活用して，脱炭素社会のインフラである太陽光発電を適切に集積するための方策が求められていると言えよう。

付記：本稿は，茅野（2022a），茅野（2022b），茅野（2022c）を基に，執筆時点での最新の動向をふまえて加筆再構成したものである。なお，本稿の元となった調査はJSPS科研費17K04123，22K01832，公益財団法人アサヒグループ財団2020年度学術研究助成を受けている。

文献

茅野恒秀，2016，「再生可能エネルギー拡大の社会変動と地域社会の応答：固定価格買取制度（FIT）導入後の住民意識を中心に」『信州大学人文科学論集』3：45-61

茅野恒秀，2020，「集落はなぜ共有地をメガソーラー事業に供する意思決定を行ったのか：霧ヶ峰麓の環境史・開発史からの考察」『信州大学人文科学論集』7（2）：99-123

茅野恒秀，2022a，「「土地問題」としてのメガソーラー問題」丸山康司・西城戸誠編著『どうすればエネルギー転換はうまくいくのか』新泉社：83-101

茅野恒秀，2022b，「再生可能エネルギー事業が地域経済・社会に与える効果の社会学的測定：長野県中信地域の網羅的調査を通じて」『アサヒグループ学術振興財団 食生活科学・文化，環境に関する研究助成 研究紀要』35：191-201

茅野恒秀，2022c，「太陽光発電の社会的受容問題：長野県内の現状から」『太陽エネルギー』48（5）：76-81

Devine-Wright, Patrick eds, 2011, Renewable Energy and the Public: From NIMBY to Participation. Routledge

飯田哲也・環境エネルギー政策研究所，2014，『コミュニティパワー：エネルギーで地域を豊かにする』学芸出版社

丸山康司，2014，『再生可能エネルギーの社会化』有斐閣

丸山康司・西城戸誠編著，2022，『どうすればエネルギー転換はうまくいくのか』新泉社

Mendonça Miguel, et al., 2009, Powering the Green Economy: The Feed-in Tariff Handbook, Routledge = 安田陽監訳，2019，『再生可能エネルギーと固定価格買取制度（FIT）：グリーン経済への架け橋』京都大学学術出版会

自然エネルギー財団，2017，『風力発電の導入拡大に向けた土地利用規制・環境アセスメントの検討』自然エネルギー財団

第2章

再生可能エネルギーに関する法制度

1 ドイツにおける風車建設地のゾーニング制度

千葉恒久
(日弁連公害対策・環境保全委員会)

1 ゾーニングの全体像

(1) はじめに

ドイツでは現在，約2万8000基（約56,000MW）の陸上風車が稼働している。日本よりやや狭い国土に，日本の10倍以上の風車が稼働していることになる。再エネ電力の割合は2022年時点で約5割（48％）であるが，連邦政府は2035年までにすべての電力を再エネでまかなうことを目指している。そのために陸上風車の設置容量を2030年までにほぼ倍増（115,000MW）させる計画であるが，風力発電事業は周辺の住民，自然環境，景観などに大きなインパクトを及ぼすため，建設地を適切にコントロールするための制度が欠かせない。本稿では，ドイツにおける陸上風車のゾーニング制度を中心に，風力発電事業をコントロールする法的な仕組みを概観する。

(2) なぜゾーニングが必要なのか

ゾーニング制度の説明に入る前に，この制度が必要になる理由をまとめておこう。

- 陸上風力の発電事業における最適地，つまり平均風速が高い場所は，自然保護と景観に大きなインパクトをもたらす場所と重なることが多い。とくに丘陵部・山間部では尾根筋に風車を立てることになるため，動植物や景観の保護という要請と真っ向から衝突する。風力発電事業の場合，事業者にとっての適地が自然環境保護という面では不適地であることが多々ある。
- 風力発電事業では，工事や稼働における工夫によって近隣住民や自然環境・景観への悪影響を低減する余地は限られるため，立地の選択が対立を解消するうえで非常に重要な意味を持つ。

- 風車の建設地の選択は，多くの人の多様な利害にかかわるため，中立的な立場の者（機関）が利害を調和させ，適切な立地を見出す仕組みが欠かせない。地元住民の受容を図るうえでも，住民が参加した手続を経て適地を見出すことが重要になる。
- 風車は今後さらに大型化し，設置密度も増して行く。近隣住民や自然環境・景観へのインパクトはさらに大きくなると予想され，適切な立地を選択することがますます難しくなっていく。

(3)　ドイツの土地計画制度

ドイツでは網羅的で重層的な土地計画制度が整備されており，ゾーニングもそうした制度の中に位置づけられている。

土地計画は，①州全域計画，②レギオナルプラン，③Ｆプラン，④Ｂプランという４つの層からなっているが，風車建設地のゾーニングは②か③のレベルで行われる。

①の**州全域計画**では，州の全域にわたり，土地の利用や保全の基本的な方針を定める。計画を定めるのは州議会か州政府で，「州発展プログラム」など名称はさまざまである。文章による記述が大半を占める。

②の**レギオナルプラン**は，「レギオ」（地方）と呼ばれる地域を対象とする土地計画で，全土に114[1]の計画地域が存在する。レギオナルプランでは，広い地域に影響を及ぼす施設の設置場所などを決めるが，風力発電事業の場合，一カ所に３基以上の風車を建設する場合が対象となる。施設の設置場所だけでなく，自然環境を保全する地域なども定められる。計画の内容は，文章と地図（10万分の１か15万分の１が多い）で示される。計画を定める主体は州によって異なり，南部のバーデン・ビュルテンブルク州では計画地域内の自治体で構成される「レギオナル組合」が計画の策定を行うが，州（支所）や上位の自治体（クライス）が計画を策定する州もある。

③の**Ｆプラン**では，自治体の全域を対象にして各地区の用途を定める。建築物の種類・用途だけでなく，「農地」，「森林」，「自然と自然景観保護を行うための地域」などの用途指定もなされる。計画の内容は，文章と地図（１万分

1　2014年時点。Zaspel Heisters, Steuerung der Windenergie durch die Regionalplanung-gestern, heute, morgen (2015), S.5.

の1から5万分の1が多い）で示される。Fプランを定めるのは自治体の議会である。

④の**Bプラン**では，自治体内の一部の地区について土地の利用方法などを詳しく定める。「地区詳細計画」と訳されることもある。この計画では，建物の建設位置，用途，階数，高さなどのほか，道路や緑地の位置，水・エネルギーの供給方法なども指定される。Bプランは自治体の議会が策定するが，法形式上は条例とされ，すべての者を拘束する効果を持つ。

これら4つのレベルの計画は上下関係ではなく，互いに考慮し合わなければならない関係[2]とされる。なお，①と②は連邦の「広域秩序法」（Raumordnungsgesetz）と各州の計画法で，③と④は連邦の「建設法典」（Baugesetzbuch）で定められている。

(4)　厳しい建築規制とゾーニング

ドイツでは，町の外（外部地域）での建築が厳しく制限されており，自治体の土地利用計画（Bプラン）の策定なくして建設行為を行うことが出来なくなっている。「計画なければ建築なし」と呼ばれる原則である。ただし，風車などいくつかの施設は外部地域にしか建設できないことを理由に規制が緩和されており，近隣住民や自然環境などを保護するための規制に反しない限り，建設が可能とされている。自治体のFプランの用途地域の定めに反する場合も同様である[3]。しかし，レギオナルプランかFプランで風車の優先建設地が指定されている場合は，原則として[4]指定地内でしか建設できない[5]。このため，自治体などは優先建設地の指定（ポジティブゾーニング）を行うことによって

2 「対流原則」と呼ばれる。レギオナルプランを定める際には自治体の土地計画を「考慮」しなければならない。自治体の土地計画は，州全体計画とレギオナルプランに「適合」しなければならない。

3　ただし，Fプランにおいて具体的な用途（たとえばスポーツ施設用地）が定められている場合は風車の建設は認められない，と解されている。

4　例外的な許可は，ゾーニングの際に想定・検討しなかった事象が生じた場合などに限定される。

5　ただし，指定地以外での風車の建設を禁止せずにゾーニングを行うことも可能である。バーデン・ビュルテンブルク，ラインラント・プファルツ，ザールランドの3州では，レギオナルプランのゾーニングに選定地外での建設を排除する効果を与えていない。2022年の法改正でゾーニングは指定地外での建設排除効を持たないことになった。ただし，風車の優遇効も指定地外では失われる。

風車の建設場所をコントロールすることができる。ゾーニングは無秩序な風車建設を防ぐための手段として，1990年代初頭に北部ドイツで始まったが，1996年の建設法典の改正で制度化された。

(5)　ゾーニングの4つのステップ

風車建設地の指定は次の4つのステップを踏んで行うことが要求されている(判例)。レギオナルプランでもFプランでも手法そのものに変わりはない。

①　風車建設が不可能な場所を除外する

最初に，計画の対象となる地域内（例えば自治体全域）から，法律上あるいは事実上の理由で風車が建設できない場所を除外する。以下のような場所がそれにあたる（詳しくは後ほど説明する）。

- 風力発電事業の採算が成り立つだけの（平均）風速に達しない場所
- 人家に規制値を超える騒音や受忍限度を超える圧迫感をもたらす場所
- 自然保護地域・野鳥保護地域などの保護地とその周辺

②　計画者が立てた基準を満たさない場所を除外する

ゾーニングを行う自治体や計画組合は，建設地を選定するための基準（コンセプト）を独自に定めることができる。例えば，人家や自然保護地域との間に法律上必要とされる以上の間隔を設けることができるし，重要な景観を保護するための独自の基準を設けることもできる。こうした計画者の基準を満たさない場所も検討の対象から外される。

③　比較検討を通じて候補地を選定する

これまでの2つの作業で除外されずに残された場所について，事業にかかわるあらゆる事項を比較検討（比較衡量）して，事業に適した場所を選び出すことになる。とくに重要になるのは，風車の稼働が希少動物と景観（ランドシャフト）にもたらす悪影響であるが，その他，風況，道路の接続，近隣自治体の意見，水源保護，土壌保護，文化財保護，休息の場としての機能，人家との間隔なども重要な判断要素となる。

④　風力発電のために本質的な量を確保したかを検討する

最後に，ゾーニングにおいて「風力発電のために本質的な量」が確保されているか否かを検討する。

このように，ゾーニングは「①・②不適地の除外→③比較衡量による選別→④発電容量の確保」というステップを踏んで行われるが，これはゾーニングが果たすべき役割から論理的に導き出されたものである。

- ゾーニングは指定地で現実に風力発電事業を行うことを可能とするものでなければならない。このため，風車を建設できない場所を検討対象から除外する必要がある。
- ゾーニングは，風力発電事業の社会的な適地を選び出す，という役割を果たさなければならない。そのために重要になるのは，発電事業が可能な場所のなかから，近隣住民や自然環境などへの悪影響が最も小さくなる場所を探し出すための候補地間の比較検討である。
- ゾーニングはエネルギー供給や気候保護という政策的な目的にも適ったものでなければならない。このため，ゾーニングは風車の発電量を確保するものでなければならない。

2　建設不可地を検討対象から除外する

ゾーニングがどのように行われるのか，詳しく見ていこう。はじめに，どのような場所を検討対象から外すのかを説明する。先ほどの①と②のステップにあたる。

(1)　平均風速

再エネ法（2017年）は地上100mの年間平均風速が6.45m/sを標準としたうえで，事業地の風況の良否などに応じて買取価格（補助額）の修正を施している。北部の諸州では全域が平均風速6.0m/s（地上100m）を超えており，風速不足が原因で事業が困難となる場所はないが，中部と南部の諸州では風況が悪すぎて事業が困難な土地が存在する[6]。ゾーニングでは，事業リスクも考慮し，5.5～6.0m/s以下の土地を除外することが多い。

(2)　近隣住民の保護規制

①　騒音規制

6　平均風速6.5m/s（地上150m）に達しない土地は，バーデン・ビュルテンブルク州の47.2％，バイエルン州の36.7％，ヘッセン州の19.9％，ラインラント・プファルツ州の14.8％を占める。北部の諸州では全域が上記の平均風速に達している。Guidehouse Germany GmbH: Analyse der Flächenverfügbarkeit für Windenergie an Land post-2030 (2022), S.22.

風車の稼働による近隣住民への悪影響については，連邦イミッシオーン保護法などの法律で規制されている。風力発電事業も他の産業施設と同様に，この法律の適用対象とされている。風力発電事業で重要になるのは騒音規制である。騒音を受ける人がいる用途地域ごとに上限となる騒音レベルが定められているため，規制値を超すと予測される場所を検討対象から除外することになる。

連邦イミッシオーン保護法（技術規則）における騒音規制値

	昼間	夜間
病院・介護施設・保養地域	45dB（A）	35dB（A）
純居住地域	50dB（A）	35dB（A）
一般居住地域	55dB（A）	40dB（A）
村落地域・混合地域	60dB（A）	45dB（A）
商業地域	65dB（A）	45dB（A）

②　視覚的な圧迫効果の規制（建築法）

建築法（判例）では，建築によって近隣住民に受忍限度を超える圧迫感をもたらすことは（公法上の）配慮義務に反し許されないとされている。風車の場合，羽根が回転し続けることによって通常の建築物以上の視覚的な負担をもたらし，ストレスや集中障害を引き起こす，とされる。リーディングケースとなった2006年の判例[7]では，人家と風車との間隔が風車の高さ（羽根の最高点）の2倍を下回る場合は「原則として受忍限度を超える」が，3倍を超えれば「原則として受忍限度を超えない」とされた。高さ200mの風車であれば，直近の人家との間に最低でも400mの間隔をとることが必要となる。2022年12月の建設法典の改正で，風車の高さの2倍以上の間隔があれば原則として計画の妨げにならないことが法律に明記された。

③　間隔規制

法令上の基準とは別に，ゾーニングを行う計画策定者が人家や保護地域までの間にあける間隔を独自に定めることが多い。こうした基準は，違法とされる

7　OVG Münster Urt.v.9.8.2006 -8A372/05. 受忍限度を超えるか否かは，家屋の構造，開口部の向き，風車の見え方，視界を遮るものの有無，高低差の有無，主たる風向（羽根の向き），地域性などに左右される。

レベルの悪影響を起こさないための予防的な措置と位置付けられる。風車との間に設ける間隔については，各州のガイドラインで基準値や推奨値が定められているが，内容は州によってかなり開きがある。直近の人家との間の最低間隔で見ても，400メートルから1100メートルまでさまざまで，州法で最低間隔を定めている場合もある。

(3)　保護指定地域

連邦自然保護法に基づいて指定された自然保護地域（国土の4.0％），国立公園（0.6％），生態系保全地域（3.9％）の中での風車の建設は通常許可されないため，これらの保護地域は検討対象から除外することになる。欧州内の保護ネットワークの一環として指定されている動植物―生息地保護地域（9.3％）と野鳥保護地域（11.3％）とその周辺で行う事業も，保護地域内の保護対象に「かなりの悪影響」（erhebliche Beeinträchtigung）を及ぼすことが禁止される。

(4)　森　林　域

風車が大型化し，羽根が樹冠上に突き出るようになったため，2010年代以降は森林内でも事業が可能となった。とくに，丘陵地帯からなる中南部の諸州では風力発電事業が可能な場所が森林域と重なるため，森林内に多くの風車が建設されている。かつては，森林域をゾーニングの検討対象からすべて除外することが多かったが，法律や土地計画によって森林内での風車建設を全面的に排除している州は7州[8]だけになった。連邦憲法裁判所が風力発電のための林地転用を一律に禁止することを基本法違反と判断した[9]ため，これらの州でも規定の変更を迫られている。

なお，森林法では，森林の開墾その他用途を変更する場合，（面積の大小に関係なく）転用許可を得なければならないとされている。転用が許可される場合でも，伐採する森林と同等の植林を他の場所でおこなうことが義務付けられて

8　2021年現在，シュレースヴィヒ・ホルシュタイン州，メックレンブルク・フォアポンメルン州，ザクセン・アンハルト州，ザクセン州，テューリンゲン州の7州では，州森林法，州計画，レギオナルプランによって森林内での風車建設が排除されている。

9　連邦憲法裁判所2022年9月27日決定。建設法典上，州には森林内の風車建設を一律に禁止する権限がないと判断した。憲法裁判所は，風力発電が気候変動からの保護やエネルギー安全保障において欠かせない貢献をしていることも理由にあげた。

おり，植林場所を提供するシステムを設けている州もある。植林する場所がない場合は代償金の支払いが必要になる。転用の許可は裁量判断とされており，林地所有者の経済的な利益と公共の利益を比較衡量することで判断する。生態系の保護，森林の育成，市民の休息の場という点で重要な公益的機能を果たしている森林については，原則として転用が認められない。

(5)　その他の保護規制

その他，文化財保護法，航空交通法，遠距離交通法（道路法）などによる建設困難地域も除外される。重要度が高い水源保護地域も同様である。

3　建設指定地を選び出す

風車を建設することが出来ない場所を除いた後，候補地の選定に入る。その前提として，風車の建設と稼働による影響など，関係する公的・私的な要因を漏れなく調査・評価したうえで，候補地ごとに関連する情報を整理する作業がおこなわれる。考慮すべき事項は地域によって千差万別であるが，大多数のケースで重要な判断要素となるのは希少動植物と景観の保護である。

(1)　希少種保護

希少種に指定されている動植物[10]は，保護地域内であるか否かにかかわらず連邦自然保護法で保護されており，以下の行為が禁止されている。

ⅰ「特別保護動物」の捕獲又は殺傷
　保護動物の殺傷リスクを「大きく（signifikant）高める」ことも該当する（判例）

ⅱ「厳格保護動物」の繁殖・子育て・換羽・越冬・渡りへの悪影響
　群体の生存条件を悪化させる行為が禁止の対象となる

ⅲ「特別保護動物」の繁殖・休息地の破壊
　ただし代償措置で繁殖・休息の機能が維持される場合は許容される

風力発電事業でとくに問題になるのは，猛禽類とコウモリが風車の羽根と衝

10　「特別保護動植物」は，EUの規則・指令及び連邦希少種保護行政規則で指定されている。その一部は「厳格保護動植物」として，より厳重な保護を受ける。

突するリスクである。これらの希少種の営巣地・生息域・越冬地内とその周辺（広さは鳥の種類によって異なる），主要な採食地とのその周辺，主要な飛翔ルートでの風車の稼働は衝突リスクを「大きく高める」とされるため，事業を行うことができない。規制に反しているか否かは，後に行われる事業許可手続の中で州政府が判断するが，ゾーニングの際にも希少種の営巣地や飛翔ルートなどを特定するための現地調査を行い，事業に供することができない場所を特定する必要がある。通常，鳥類学者や調査機関が１～２年かけて現地調査を行い，調査結果を報告書にまとめている。調査の結果，何らかの希少種について禁止レベルに達するリスクをもたらすことが判明した場所は指定対象から外すことになるが，それに近いレベルに達している場所も出来るだけ指定を避ける場所として扱われる。

(2)　景観保護

連邦自然保護法は，自然環境と並んでランドシャフトも保護の対象としている。「ランドシャフト」は人間とのかかわりの中で形成された景観のことである。単なる風景ではなく，見る側の主観（感情）や歴史的な経過も反映した意味合いを持つ言葉で，「ふるさと」に近い語感がある。ランドシャフトに「かなりの悪影響」を及ぼす土地の使用は，法律によって保護地域の内外を問わず規制されているため，景観面での影響の度合いは建設地を選定する際にも重要な判断要素となる。

風車の建設がランドシャフトに及ぼす影響の度合いを把握するための手法は統一されていないが，事業対象地の景観上の重要度（損なわれる景観価値の程度）と侵害の強度（周辺域からの見えやすさ）に応じて，影響の程度を評価する手法が用いられている。景観上の価値の評価では既存の構造物による景観価値の減少が考慮される。見えやすさの程度の評価でも，見る人がいる場所の視認のしやすさが考慮される。地理情報データ（GIS）を使った精緻な評価手法も実用化されており，各候補地の景観上のインパクトの大きさを数値化して相互に比較することが可能になっている。その中から出来るかぎり景観へのインパクトが少ない場所を選ぶことになる。

なお，ドイツには「ランドシャフト保護地域」という，自然とランドシャフトの保護を目的とする保護地域が存在する。現在，国土のおよそ４分の１が保護地域に指定されており，都市を囲うように指定されているケースも多い。ランドシャフト保護地域では，保護地の性格を変える行為が禁止されており，保護地の指定の際に建設行為を網羅的に禁止している場合も多い。ただし，必要に応じて禁止を解除することが予定されており，自然保護地域などとは違って保護の性格は曖昧である。ゾーニングにおけるランドシャフト保護地域の扱いは難題のひとつであったが，2022年7月の連邦自然保護法の改正によって，ランドシャフト保護地域はゾーニングによる建設地の指定を妨げないことが法律に明記された。

4　風力発電のための本質的な容量の確保

以上の検討過程を経て建設指定地の候補を選び出した後，ゾーニングにおいて「風力発電のための本質的な量を確保」したか否かを検討する。何が「本質的な量」にあたるのかについて判断するための明確な基準はないが，指定地内で期待される発電量を地元の電力消費量や政府の目標などと照らし合わせて検討することが多い。検討の結果，「本質的な量を確保した」と言えない場合は，不適地を除外するために計画者が立てた基準を緩めたうえで，検討をやり直さなければならない。

5　新法の制定

2014年11月，バイエルン州は州建築法を改正[11]して，直近の人家までの間隔を風車の高さ（羽根の最高点）の10倍以上とることを義務付けた。その後，ノルドライン・ヴェストファーレン州とブランデンブルク州が直近人家との間隔を最低でも1000m取ることを義務付ける法律を制定し，他州でも似たような動きが起きている。こうした州法による最低間隔規制は新たな建設地の指定を困難にさせ，風車の建設が遅延する大きな要因になっている。現在，風車建設地に指定されている土地は国土の約0.8％であるが，実際には風車の建設が難しい指定地もあり，風車建設が現実に可能な土地は0.5％程度にとどまるとされている。

2022年7月に成立した新法（風力エネルギー土地確保法）は，こうした状況

11　バイエルン州建築法82条。建設を禁止するものではないが，法律が定める間隔を取らないと外部地域での建設規制が緩和されないため，建設は事実上不可能になる。自治体が土地利用計画で例外を設けることも容認したが，州法の制定後，同州内での新たな風車建設はほぼ止まった。

を打破するため，2027年末までに州土の1.1～1.8％，2032年末までに1.8～2.2％を風車建設地に指定することを各州に義務付けた。義務を達成しなかった州（または地域）では，州法による最低間隔規制が失効するほか，ゾーニングで指定地以外での風車建設を排除する効力が失われる。

6　ゾーニングの手続 ── 住民・関係官署の参加と権利保護

次に，ゾーニングの手続と権利保護について説明しよう。ゾーニングは住民，関係官署，近隣自治体が参加して行われる。以下では，Fプランにおけるゾーニングを例に，手続の概要を説明する。

(1)　最初の住民参加

計画の策定作業は，自治体の議会が計画の策定を行うことを決定することから始まるが，建設法典は「出来るだけ早い時期に」住民（公衆）に対し，計画の目的，複数の解決案，影響の予測などを説明することを義務付けている。説明会には誰でも参加することができ，意見を述べ討議を行う機会が必ず設けられる。計画にかかわる官署や近隣自治体との間の情報・意見の交換も，出来る限り早い時期に行うことが義務付けられている。住民と関係官署が早い時期に計画の策定に参加することは，さまざまな要請を調和させるうえでも重要な意味を持つとされている。

(2)　環境調査

建設法典は，土地計画を策定する際に環境調査を実施することを義務付けている。調査では，計画によって影響を受ける可能性がある地域の環境の状況，計画を実施したときの変化についての予測，悪影響を回避・減少させるために講じる対策，代替的な計画の可能性などが調べられる。関係官庁との間では，環境調査の範囲や方法などについても協議される。

(3)　2度目の住民参加

計画（ゾーニング）の原案が決定すると，1カ月間，住民の縦覧に付される。計画書には指定地を選定した過程と理由が詳細に記載され，環境報告書も添付される。計画案に対する意見は必ず検討したうえで，検討結果を通知しなければならない。住民への縦覧と並行して，関係官署や近隣自治体にも同じく1カ月間，意見表明の機会が与えられる。

(4)　自治体議会の議決

計画案は自治体の議会の議決によって確定する。Fプランについては州政府（支所）の認可が必要とされているが，州政府は計画の適法性についてだけ審査権限を持ち，計画の当否には介入できない。

(5)　権利保護（司法救済）

レギオナルプランとFプランにおける風車建設地の指定に対しては，行政裁判所に規範統制訴訟を提起して無効宣言を求めることができる。原告適格を有するのは，計画によって（現在又は近い将来に）自己の権利を侵害され得る者である。計画対象地域内の土地所有者，風力発電事業による有害な環境影響を受けるおそれがある近隣住民がそれに該当する。近隣自治体も，風車による持続的な環境影響（例えば騒音）が土地計画の重大な妨げになる場合などは原告適格が認められている。

訴訟ではゾーニングが適法であるか否かが審査されるが，適法であるためには以下の条件をすべて満たさなければならないとされている（判例）。

- 「風車建設地の選定は，一貫したコンセプトを基礎に据え，自治体全域など計画対象となる区域の全域を対象にして行わなければならない」

  指定地以外での建設を禁止することを正当化する前提条件とされる。コンセプトは合理的で衡量原則に適っていなければならない。

- 「現実に風車の建設を可能とするものでなければならない」

  例えば，風況が悪すぎて風力発電事業が成り立たない場所，近隣住民や自然環境・景観などの保護規制に反する場所を優先建設地に指定することはできない。

- 「計画に関係するすべての公的・私的な事項を漏れなく調査し，正しく評価したうえで，バランスがとれた比較衡量をおこなわなければならない」

  比較衡量を欠くこと（例えば当初から結論を決めていた場合），必要な調査を欠くこと（例えば考慮すべき事項を調査しなかった場合），誤った評価を前提とすること（例えばリスクを過小に評価した場合），バランスを失した衡量をおこなうことは許されない。

- 「計画を通じて土地の利用と保全をめぐる利害の対立を克服しなければならない」

  例えば，問題を未解決のまま放置し，後の手続に解決を先送りすることは許されない。

- 「風力発電のために本質的な量を確保しなければならない」

  例えば，風力発電に適さない土地や小さな土地を形だけ指定することは許されない。

陸上風車のゾーニングに対する訴訟は多数，提起されている。近隣住民や環境保護団体による訴訟のほか，事業者や近隣自治体が提起する訴訟も多いが，こうした訴訟においてゾーニングが無効とされる事例が相次いでいる。2009年から2019年の間にあったレギオナルプランのゾーニングに関する計21件の判決のうち，18件でゾーニングが無効とされた[12]。考慮すべき事項が多岐にわたるだけでなく，検討対象から除外するための基準が必ずしも明確でないこと，希少種保護の判断が難しいことが主たる原因であるが，ゾーニングの法的な安定性が欠ける点は大きな課題のひとつである。2022年7月の連邦自然保護法の改正では，希少種保護規制の範囲やランドシャフト保護地域の扱いなどが明確にされた。

7　風力発電事業の許可手続

(1)　事業許可と環境アセスメント

これから先は，風力発電事業の許可手続についての説明になる。ゾーニングで指定された土地であるか否かを問わず，同じ基準が適用される。許可申請を行うのは事業者で，許可を行うのは州政府（支所）である。風車の羽根の最高点までの高さが50m以上[13]ある風車を建設・稼働させる場合に許可が必要となり，許可の際には，風車の建設と稼働が連邦イミッシオーン保護法，自然保護法，建設法典などの法令に反していないか否かが審査される。審査権限は連邦イミッシオーン保護法の管轄部署に集約されている[14]。

12　Marco Deppe, Rechtsprechung zur Regionalplanung von Windenergievorhaben 2009-2019 (2019).

13　50mに達しない風車も，各州の建築法による建設許可を受ける必要がある。

14　単なる申請窓口の集約ではなく判断権限の集約である。関係する官庁（自治体を含む）

風車が20基以上あるウィンドファームは環境アセスメントの対象となる。3～19基のウィンドファームも事前調査で「相当な環境影響を及ぼし得る」と判断された場合は環境アセスメントが行われる。アセスメントの対象事業では，事業許可にかかわる事項について環境影響について調査・予測を行わなければならない。ただし，アセスメントの対象外の事業でも，事業による近隣住民や自然環境に及ぼす影響について詳細な調査報告書を提出しなければならないので，アセスメントの対象であるか否かによって手続の内容が大きく変わるわけではない。ただし，環境アセスメントの対象外の事業では通常，住民参加手続が省略されるため，手続面では大きな違いがある。

(2)　事業許可の要件

事業許可の審査では，各種の保護規制に反しているか否かが判断されるが，多くのケースで，近隣住民の保護規制，希少種の保護規制，自然とランドシャフトの保護規制，建築物の安全規則，水源保護，林地転用規制，航空安全規制がテーマとなる。

なお，事業許可の判断では行政に裁量権はなく，許可要件を満たしている場合は許可しなければならない（許可に条件を付すことはできる）。自治体の自治権（土地計画権限）を守る趣旨で，判断には自治体の同意が必要とされている。

①　近隣住民の保護規制

連邦イミッシオーン保護法の騒音規制については，風車の製造企業が提供するデータをもとに騒音予測が行われることが多いが，騒音の測定や予測の方法には多くの論点があり，風車の騒音の特性に即した新たな手法も提案されている。

風車の羽根の反射光，羽根の影が生み出す明暗（シャドーフリッカー），氷魂の飛散などの影響についても，「有害な環境影響」と評価されるレベルに達した場合は違法となるが，騒音規制によって一定の間隔が確保されるため，実務上は重要な問題にはなっていない。

②　希少種の保護規制

連邦自然保護法の希少種保護規制に違反していないか否かは，実務上，最も

には許可手続に参加して意見を述べる機会が与えられるが，意見は管轄部署の判断を拘束しない。ただし，水法上の許可など集約の対象から除外されているものもある。

重要な判断事項となる。許可申請書には保護対象となる動植物に関する詳細な調査報告書が添付されるが，許可審査の過程でさらなる調査を要求されることもあり，許可手続が長期化する最大の要因になっている。保護対象の希少種を殺傷するリスクを「大きく高める」と判断される場合は不許可となるが，保護対象の鳥やコウモリが頻繁に飛翔する時期や時間帯に風車を停止することを条件に許可されることもある。

稀少種の保護規制に反するか否かは，多くの訴訟で最大の争点になっている。専門的な判断であるうえ未解明の事項も多く，行政判断に対する司法審査のあり方も問題になった[15]が，2022年7月の連邦自然保護法の改正で希少種の保護に関する判断基準が法律に明記された。

③　連邦自然保護法の「介入」規制

連邦自然保護法は，保護地域の内外を問わず，自然とランドシャフトへの「介入」(Eingriff) を規制している。法律では，「生態系の機能またはランドシャフトの景観に対してかなりの悪影響を及ぼし得る土地の形態又は利用の変更」が「介入」に該当するとされており，土地の改変行為全般が広く規制の対象とされている[16]。ただし，規制の内容は，以下のように段階的なものになっている。

i　回避義務

介入が避けられる場合は回避しなければならない。同一の場所において，自然とランドシャフトへの影響がより少ない方法で同じ目的を達成できる場合は「回避できる」と判断される。

ii　回復義務と補填義務

回避できない場合は，同等の自然を復元もしくは新たに形成するか，同じ自然圏内で代替的な自然を形成することが義務付けられる。

iii　代償金の支払

回復も補填もできない場合，自然とランドシャフトを保護する要請がより重

15　連邦憲法裁判所の2018年10月23日の決定は，行政には優先的な評価権がある，という解釈を否定した。ただし，「行政裁判所が最善の解明努力にもかかわらず自然保護的な専門知識水準の限界に達した場合は，さらなる調査をおこなう必要はなく，専門的な問題に関する行政庁の説得力のある見解を判断の基礎に据えることは許される」とした。

16　農業・林業・漁業による土地の改変については，一定の条件のもとで適用が除外されている。

要であれば「介入」は許されない。そうでない場合でも代償金[17]を支払わなければならない。

風車の建設は例外なく「介入」に該当するとされているため，許可申請書では回避義務を尽くしていることを逐一説明しなければならない（例えば，森林の伐採であればそれを回避できない理由や伐採面積を最小限にとどめていることなどを説明する）。また，回避できないものについては，例えば同等の植林をおこなうなどの回復・補填措置を講じなければならない。希少動植物に対する悪影響についても同じである。

④　景観保護

風車による景観への悪影響についても，保護地域の内外と問わず介入規制が適用されるが，風車による景観への悪影響については回復・補填措置を講ずることが困難とされ，代償金が課されている。各州が代償金の算定基準を定めているが，当該地域の景観価値と風車の高さ（影響を受ける面積）を基準にしている州が多い（風車の数や既存の風車の存在などの修正が施される）。

ノルドライン・ヴェストファーレン州における景観侵害代償金額

景観価値	2基まで	3～5基	6基以上
ランク1（とても）小さい	100€	75€	50€
ランク2　中程度	200€	160€	120€
ランク3　高い	400€	340€	280€
ランク4　とても高い	800€	720€	640€

（風車1基あたり，風車の高さ1mあたりの金額）

例えば，ノルドライン・ヴェストファーレン州内で，景観価値が最も高い「ランク4」の地域に羽根の最高点までの高さが200mある風車を3基建設する場合，代償金額は43万2000€（1€150円換算で6480万円）[18]となる。同州は

17　代償金は，遂行できなかった復元・代償措置の平均的なコストで算定することになっているが，算定が困難な場合は「介入の期間と強度」を基準に，「介入者が得る利益を加味」して金額を定めることになっている（連邦自然保護法15条6項）。代償金の使途は自然とランドシャフトの保護に限定されている。

18　720€×200×3＝432,000€。風車の羽根の最高点までの高さの15倍の半径からなる円内の景観価値が適用される。円内に複数の景観価値地域がある場合は，加重平均される。

州内の各地域の景観価値を調査し地図にまとめているので，その地図に依拠して景観価値が特定されるが，現実の景観との間にギャップが生じている場合はそれも考慮される。バーデン・ビュルテンブルク州では「総建設コストの１～５％」と定めている。

⑤　解体保証

事業許可では，建設法典における土地利用規制に反しているか否かについても審査される。建設法典では外部地域は出来るかぎり建設を行わない場所とされており，たとえ建設を許容する場合でも原則として一時的なものとして許されるにすぎない。このため，外部地域で建設をおこなう者は，利用を終えたあとに建築物（基礎部分を含む）をすべて解体することを保証しなければならない。風車の場合も事業者は事業終了後の解体を保証する必要があり，実務上は銀行保証を供することが要求されている。保証額は州によって異なり，例えばニーダーザクセン州の行政規則では，「風車のハブの高さ（m）×1000（€/m）」としている。ハブの高さが80mの風車であれば，８万€（約1200万円）となる。ノルドライン・ヴェストファーレン州の行政規則では，「総投資額の6.5％」を基準としている。

(3)　権利保護（司法救済）

有害な環境影響により自己の権利を侵害される可能性がある近隣の住民等は，事業許可の取消を請求する行政訴訟を提起できる[19]。近隣自治体も受忍しがたい影響を被る可能性がある場合は訴訟を提起できる。認定された自然保護団体は，団体の規約に定める守備範囲に関するものであれば訴訟を提起できる。自然保護団体は，許可手続におけるあらゆる事項の違法を主張できる（判例)。事業者も，不許可の決定や附帯条件付きの許可決定に対して行政訴訟を提起できる。

19　陸上風車の許可に対する行政不服審査と訴訟の提起は事業許可の執行（風車の暫定的な建設と稼働）を妨げない（連邦イミッシオーン保護法63条)。ただし，裁判所が執行を許さない決定を行うことは可能である。2020年の法改正で，１審は上級行政裁判所が管轄することになった。

8　２つの制度が欠かせない理由

(1)　土地計画法と保護法の違い

これまで見てきたように，陸上風車の建設と稼働にはゾーニングと事業許可という２つの制度がかかわる。１つの制度にまとめられないのだろうか，と思われるかもしれないが，土地計画法と保護法という目的が異なる２つの制度がかかわることで，適切な立地の選択と確実な保護を実現することが可能になっている。

土地計画法は，どの土地を利用し保全するのかを決めるための制度である。風力発電事業でいえば，「どこで風車を建設するか／しないのか」を決めるためのものであるが，この制度の目的は土地の利用と保全にかかわる諸々の要請を調和させることにある。ゾーニングもこうした土地計画のひとつであるが，制度の目的は風力発電事業にかかわる利害を調整し，社会的な意味での適地を見出すことにある。

これに対し，近隣住民，自然，景観などの保護を目的とする法（以下では「保護法」と呼ぶ）は，事業がもたらす悪影響の限度を定めるための制度であり，いわばレッドゾーンを定めるものである。この制度は調和ではなく保護を目指している点で，土地計画法とは基本的な目的が違っている。

両者は制度を担う機関も異なっている。土地計画で中心的な役割を果たすのは自治体であり，自治体の土地計画権限は憲法（基本法）が保証する自治権の重要な柱のひとつとされている。レギオナルプランなど，より広い地域を対象とする土地計画も存在するが，こうした計画の策定でも地域内にある自治体が大きな役割を果たしている。逆に，中央官庁は地域における土地の利用をめぐる諸々の利害を調整する役割には向いていない。

これに対し，保護法の執行は基本的に州が担っている。自治体が執行に携わることがあっても，州政府の指揮監督のもとで事務を行うにすぎない。安全を守るのはあくまで州（国）の任務なのである。

このように，土地計画法と保護法は制度の成り立ちを異にするが，ゾーニングにおいては保護法が密接にかかわってくることが実務上難しい問題を生む。すでに説明したように，ゾーニングでは保護法に反する場所を検討対象から除外することが必要になるが，これは保護法の規制を先取りしてゾーニングに反映させることを意味する。しかし，各種の保護法の規制に反するか否かは，州政府が事業許可手続の中で判断する事項であり，自治体は本来そうした判断を下す立場にはない。将来，州政府が自治体と同じ判断を下すとは限らないし，州政府の担当部署と協議しても，現実にどのような風車が立つかどうかもわからない段階で確たる回答を得ることはできない。自治体は州政府との協議で得た感触をもとに，その場所で風車を建設できるか否かを決めるしかない。

制度をゾーニングに一本化してしまえばこうした問題はなくなるが，ゾーニングの段階で行われる影響の予測と評価は，あくまで標準的な風車の建設・稼働を想定して行うものにすぎず，実際に建設される風車が違法な影響を及ぼすことを確実に排除することはできない。反対に，事業許可制度に一本化することも困難である。ゾーニングの狙いは違法レベルの悪影響を回避するだけでなく，立地間の比較を通じて影響がより少ない事業を実現することにあるが，保護を目的とする制度のなかにそれを織り込むのは難しい。保護法における行政判断は裁量判断ではなく，規制に反しないかぎり必ず許可される制度になっていることも統合を難しくしている。

こうして，風車の立地のコントロールは，ゾーニングと事業許可という２つの制度によって支えられることになる。ゾーニングのために４～５年程度，事業許可手続のために２年程度を要しており，事業者にとっても行政・自治体にとっても大きな負担ではあるが，風力発電事業の社会的な適合性を確保するためにはどちらの制度も欠かせない。こうした慎重なコントロールによってはじめて住民の受容を図ることも可能になる。それでも多くの事業計画が反対運動にさらされており，住民の受容という課題を克服することが決して容易ではないことをドイツの経験は示している。

(2)　ゾーニング制度が機能する前提

最後に，ゾーニングという制度が機能するための前提条件をまとめておこう。

①　自治体が自治体全域について土地利用をコントロールする権限を持つ
②　事業がもたらす悪影響の法的な許容範囲が明確にされている
③　確保しなければならない風力発電の容量が明確にされている

2　メガソーラー及び大規模風力事業と防災関係法令

山谷澄雄
（日弁連災害復興支援委員会）

はじめに

本稿は，メガソーラー及び大規模風力事業に係る開発行為規制等を，特に災害の予防策の視点からとりまとめたものであり，また，①法の目的，②規制の内容，③規制の要件，④規制を実効的にするための制度，等をとりまとめたものである。なお，法令は，2022年（令和4年）11月10日現在のものに基づく。

本稿は，「メガソーラー関係法令等窓口一覧表」（令和4年4月現在）（熊本県HP），「事業計画策定ガイドライン（太陽光発電）2022年4月改訂」（資源エネルギー庁）及び「再生可能エネルギー導入に関する関係法令一覧」（令和4年11月18日更新）（宮城県再生可能エネルギー室）を参考にしたことを付記する。

第1　採石法（昭和25年法律第291号）

1　法の目的

採石法（以下「法」という。）は，「採石権の制度を創設し，岩石の採取の事業についてその事業を行う者の登録，岩石の採取計画の認可その他の規制等を行い，岩石の採取に伴う災害を防止し，岩石の採取の事業の健全な発達を図ることによって公共の福祉の増進に寄与することを目的」としている（法1条）。

（以下，下線は引用者付記）

2　採取計画の認可等

法33条は採石業者に，岩石の採取を行おうとするときは，当該岩石の採取を行う場所ごとに採取計画を定め，当該岩石採取場の所在地を管轄する都道府県知事（「指定都市」を含む。）の認可を受けなければならないとする。

3　採取計画に定めるべき事項

法33条の2第4号は，「採取計画に定めるべき事項」の1つとして「岩石の採取に伴う災害の防止のための方法及び施設に関する事項」を定める。

4　緊急措置命令等

法は，規制等の目的を実効的にするため，緊急措置命令等（法33条の13），市町村長の要請（法33条の14），譲渡したたい積物等の管理（法33条の16），採石業者に対する指導及び助言（法34条の6），遵守義務，報告・立入り・検査（法33条の8，法42条）の規定を置き，遵守義務違反等につき罰則を定めている。

第2　砂利採取法（昭和43年法律第74号）

1　法の目的

砂利採取法（以下「法」という。）は，「砂利採取業について，その事業を行う者の登録，砂利の採取計画の認可その他の規制を行うこと等により，砂利の採取に伴う災害を防止し，あわせて砂利採取業の健全な発達に資することを目的」としている（法1条）。

2　採取計画の認可等

法16条は「砂利採取業者は，砂利の採取を行おうとするときは，当該採取に係る砂利採取場ごとに採取計画を定め，次の各号〔省略〕に掲げる場合の区分に応じ，当該各号に定める者〔都道府県知事（指定都市の長を含む）・1号，河川管理者・2号〕の認可を受けなければならない」とする。

3　採取計画に定めるべき事項

法17条4号は，「採取計画に定めるべき事項」の1つとして，砂利の採取に伴う災害の防止のための方法及び施設に関する事項を定める。

4　緊急措置命令等

法は，規制等の目的を実効的にするため，遵守義務（法21条），変更命令（法22条），緊急措置命令等（法23条1項），認可の取消し等（法26条），立入検査等（法34条）採取業者に対する指導等（法41条1項），立入り・検査（法34条）の各規定を置く。

第3　農地法（昭和27年法律第229号）

1　法の目的

農地法（以下「法」という。）は，「国内の農業生産の基盤である農地が現在及び将来における国民のための限られた資源であり，かつ，地域における貴重な資源であることにかんがみ，耕作者自らによる農地の所有が果たしてきている重要な役割も踏まえつつ，農地を農地以外のものにすることを規制するとともに，農地を効率的に利用する耕作者による地域との調和に配慮した農地についての権利の取得を促進し，及び農地の利用関係を調整し，並びに農地の農業上の利用を確保するための措置を講ずることにより，耕作者の地位の安定と国内の農業生産の増大を図り，もって国民に対する食料の安定供給の確保に資することを目的」としている（法１条）。

2　転用制限の性質

農地の転用制限の規定は，現在の権利者自身が農地を他の目的に転用する場合（農地法４条。以下「法」という）と，農地等を他の目的に転用するために他人に権利を移動する場合（法５条）との，２つに分けられている。どちらも，転用による農地の減少を防いで農業生産を確保しようとする目的は同じであるが，規定の内容はその性質に応じてやや異なっている（以上，加藤一郎・農業法160頁）。

3　農地全体を転用して設置する方式（営農を廃止）

(1)　許可（法４条１項本文）　都道府県知事を原則とする。

(2)　許可不要（法第４条１項但書）

(3)　不許可事由（法第４条第６項本文）

④　申請に係る農地を農地以外のものにすることにより，土砂の流出又は崩壊その他の災害を発生させるおそれがあると認められる場合，農業用用排水施設の有する機能に支障を及ぼすおそれがあると認められる場合その他の周辺の農地に係る営農条件に支障を生ずるおそれがあると認められる場合。

(4)　不許可の例外（法第４条第６項但書，令４条，規則37条）

規則37条（公益性が高いと認められる事業）

②　森林法第25条〔保安林〕第１項各号に掲げる目的を達成するために行われる森林の造成

・土砂の流出の防備，土砂の崩壊の防備，風害・水害・潮害・干害・雪害・霧害の防備

③　地すべり等防止法第24条第１項に規定する関連事業計画若しくは

急傾斜地の崩壊による災害の防止に関する法律第9条第3項に規定する勧告に基づき行われる家屋の移転その他の措置又は同法第10条第1項若しくは第2項に規定する命令に基づき行われる急傾斜地崩壊防止工事

④　非常災害のために必要な応急措置

4　営農を継続しながら発電する方式（営農型発電設備）

(1)　認可（法3条1項）：農業委員会の認可を必要としている。

(2)　許可を不要とする場合がある（法3条1項但書）

農林漁業の健全な発展と調和のとれた再生可能エネルギー電気の発電の促進に関する法律（平成25年法律第81号）第17条の規定による公告があった所有権移転等促進計画の定めるところによって同法第5条第4項の権利が設定され，又は移転される場合（9号の2）。

第4　農業振興地域の整備に関する法律（昭和44年法律第58号）

(1)　法の目的

農業振興地域の整備に関する法律（以下「法」という。）は，「自然的経済的社会的諸条件を考慮して総合的に農業の振興を図ることが必要であると認められる地域について，その地域の整備に関し必要な施策を計画的に推進するための措置を講ずることにより，農業の健全な発展を図るとともに，国土資源の合理的な利用に寄与することを目的」としている（法1条）。

(2)　規制等の概要

農用地区域内において開発行為をしようとする者は，あらかじめ，都道府県知事等の許可を必要とする（法15条の2第1項）。

(3)　不許可事由（法15条の2第4項）

当該開発行為により当該開発行為に係る土地の周辺の農用地等において土砂の流出又は崩壊その他の耕作又は養畜の業務に著しい支障を及ぼす災害を発生させるおそれがあること（2号）

(4)　監督処分（法15条の3）　　中止命令，復旧措置命令

(5)　農用地区域以外の区域内における開発行為についての勧告等（法15条の4）

都道府県知事等は，開発行為により，「農用地区域内にある農用地等

において土砂の流出若しくは崩壊その他の耕作若しくは養畜の業務に著しい支障を及ぼす災害を発生させ」「ると認められるとき，」「事態を除去するために必要な措置を講ずべきことを勧告することができる。」

(6)　農用地等及び農用地等とすることが適当な土地に含まれない土地（法10条4項）→公益性が特に高いと認められる事業に係る施設（令8条1項4号，規則4条の5）

河川法，砂防法，地すべり等防止法，急傾斜地の崩壊による災害の防止に関する法律

第5　農林漁業の健全な発展と調和のとれた再生可能エネルギー電気の発電の促進に関する法律（平成25年法律第81号）

(1)　法の目的

農林漁業の健全な発展と調和のとれた再生可能エネルギー電気の発電の促進に関する法律（以下「法」という。）は，「土地，水，バイオマスその他の再生可能エネルギー電気の発電のために活用することができる資源が農山漁村に抱負に存在することに鑑み，農山漁村において農林漁業の健全な発展と調和のとれた再生可能エネルギー電気の発電を促進するための措置を講ずることにより，農山漁村の活性化を図るとともに，エネルギー供給源の多様化に資することを目的」としている（法1条）。

(2)　設備整備計画の認定（法7条）

再生可能エネルギー発電設備の整備を行おうとする者は，農林水産省令・環境省令で定めるところにより，当該設備に関する計画（以下「設備整備計画」という。）を作成し，基本計画を作成した市町村（以下「計画作成市町村」という。）の認定を申請することができる（1項）。

計画作成市町村の認定は3項，同意は4項のそれぞれ規定がある。

(3)　認定を受けた設備整備計画に係る特例措置

・農地法，酪肉振興法，森林法，漁港漁場整備法，海岸法，自然公園法及び温泉法の許可又は届出の手続の特例（認定により許可があったものとみなす等）（法9条から15条）

第6　森林法（昭和26年法律第249号）

(1)　法の目的

森林法（以下「法」という。）は，「森林計画，保安林その他の森林に関する基本的事項を定めて，森林の保続培養と森林生産力の増進とを図り，もって国土の保全と国民経済の発展とに資することを目的」としている（法１条）。

(2)　保安林（公益的機能の発揮のため指定された森林）

ア　開発の規模：開発の規模に関係なく適用

イ　適用される制度　―　保安林制度

保安林を転用するためには，農林水産大臣又は都道府県知事が保安林の指定を解除することが必要。原則として他用途への転用を抑制すべきものであり，やむを得ず解除することができるのは，代替施設が設置されるなど保安林解除の要件を満たす場合に限られる。

ウ　保安林指定（法25条１項）

次の各号に掲げる目的を達成するため必要あるとき。

①　水源のかん養　②　土砂の流出の防備　③　土砂の崩壊の防備

④　飛砂の防備　⑤　風害，水害，潮害，干害，雪害又は霜害の防備

⑥　なだれ又は落石の危険の防止

エ　保安林の解除

農林水産大臣（法26条）　都道府県知事（法26条の２第１項）

「指定の理由が消滅したとき」

農林水産大臣（法26条第２項）・都道府県知事（法第26条の２第２項）「公益上の理由により必要が生じたとき」

オ　保安林における立木の伐採の禁止（法34条）

(3)　保安林以外（民有林の場合）　―　１ヘクタール以上の規模の場合

※　森林法施行令の改正に伴い，令和５年４月１日より太陽光発電設備の設置を目的とした開発行為については，開発面積が0.5ヘクタールを超える場合，林地開発許可申請の対象となった。

ア　開発行為の許可（法10条の２）　林地開発許可

都道府県知事は，申請が以下の要件を満たしていると認めるときは許可しなければならない（法10条の２第２項）

①　災害の防止（法10条の２第２項第１号の１）

開発行為により，周辺地域において土砂の流出又は崩壊その他の災害を発生させるおそれがないこと　→　土工，法面保護の適切

な実施や，排水施設等の防災施設の設置等

①—2　太陽光通知

太陽光発電施設を自然斜面に設置する区域の平均傾斜度が30度以上の場合，可能な限り森林土壌を残した上で，擁壁又は排水施設等の防災施設を確実に設置（森林土壌に崩壊の危険性が高い不安定な層がある場合は，その層を排除）。

平均傾斜度が30度未満の場合でも，必要に応じて適切な防災施設を設置。なお，技術的細則参照。

②　水害の防止（法第10条の2第2項第1号の2）

開発行為により，下流地域において水害を発生させるおそれがないこと　→　洪水調節池の適切な設置等

また，流域の地形，土地利用の状況等に応じて必要な堆砂量が見込まれていること。

③　森林整備部長通知（省略）

イ　開発行為を行うことの確実性について（一般事項）（規則4条）

森林法施行規則第4条において，法第10条の2第1項の許可を受けようとする者に対し所定の書類の添付を義務付けており，これを踏まえ，事務次官通知の別記「開発行為の許可基準の運用について」では，先の4要件のほか，開発行為を行うことの確実性を判断することとしている。

ウ　一般的事項，配慮事項

3）　太陽光通知

太陽光発電事業終了後の土地利用の計画が立てられており，原状回復等の事後措置を行うこととしている場合は，植栽等，設備撤去後に必要な措置を講ずることについて，申請者に対して指導する。

エ　太陽光通知　—　その他配慮事項

1　住民説明会の実施等について

太陽光発電施設の設置を目的とした開発行為については，地域住民が懸念する事案があることから，申請者は，林地開発許可の申請の前に住民説明会の実施等地域住民の理解を得るための取組みを実施することが望ましい。このため，当該林地開発許可の審査に当たり，以上の取組みの実施状況について確認することとする。

オ　一体性の取扱いについて

農林水産事務次官依命通知第1の2

開発行為の規模は，この許可制の対象となる森林における土地の形質を変更する行為で，実施主体，実施時期または実施個所の相異にかかわらず一体性を有するものの規模をいう。

視点：共同で開発か，少しずつ開発か，集水区域が同じか。

(4)　保安林以外（民有林の場合）　—　1ha 以下の規模の場合

ア　適用される制度：開発行為の規制なし。

イ　ただし，伐採に際し，「伐採及び伐採後の造林の届出」を市町村に事前提出することが必要（法10条の8）。

また，伐採及び伐採後の造林の計画の変更命令等（法10条の9）

ウ　森林法施行規則（昭和26年農林省令第54号）第10条

法令により立木の伐採につき制限がある森林（法第10条の8第1項第7号関係）

①　砂防法第2条の規定により指定された土地に係る森林

⑥　地すべり等防止法第4条第1項の規定により指定されたぼた山崩壊防止区域内の森林

⑨　急傾斜地の崩壊による災害の防止に関する法律第3条第1項の規定により指定された急傾斜地崩壊危険区域内の森林

(5)　保安林における制限（法34条）

1　伐採の禁止（1項）

2　土地の形質の変更禁止（2項）

(6)　監督処分（法38条）　　伐採中止命令（1項），復旧命令（2項）

第7　河川法（昭和39年法律第167号）

1　法の目的

河川法（以下「法」という。）は，「河川について，洪水，津波，高潮等による災害の発生が防止され，河川が適正に利用され，流水の正常な機能が維持され，及び河川環境の整備と保全がされるようにこれを総合的に管理することにより，国土の保全と開発に寄与し，もって公共の安全を保持し，かつ，公共の福祉を増進することを目的」としている（法1条）。

2　規制等の概要・手続き

(1)　規制制度の趣旨　—　特に工作物の新築等の許可（法26条1項）

「河川区域内の土地において工作物を新築することなどの行為は，河川における一般公衆の自由使用を妨げたり，洪水の際に洪水の流下を妨げ災害を招いたりするなど，公共の利益に反するおそれがあるので，これらを一般的に禁止し，個別の行為ごとに許可申請に基づき，支障がないと認められる場合には禁止を解除して許可することとしているもの」（河川法令研究会編著「第3次改訂版　よくわかる河川法」・ぎょうせい・106頁）

(2)　手続き　　　河川管理者の許可が必要。

3　規制等の内訳

(1)　河川区域（法6条）

ア　要許可行為（法23条以下）

①　河川の水を取水すること（法23条，規則11条）

②　河川を排他的・独占的に使用すること（法24条，規則12条）

ただし，河川管理者以外の者がその権原に基づき管理する土地を除く。

③　河川の砂利やあし等を採取すること（法25条，令15条，規則13条）

ただし，河川管理者以外の者がその権原に基づき管理する土地を除く。

④　河川に工作物を設置すること（法26条）

⑤　河川の土地の形状を変更すること（「河川区域内の土地において土地の掘削，盛土若しくは切土その他土地の形状を変更する行為又は竹木の栽植若しくは伐採をしようとする」こと）（法27条）

イ　許可を要しないもの（法27条3項，令15条の4）

ウ　一時占用許可・一時使用届

エ　罰則（法102条）

(2)　河川保全区域（法54条）

ア　要許可行為（法55条1項）

①　土地の掘削，盛土又は切土その他土地の形状を変更する行為

②　工作物の新築又は改築

イ　許可を要しないもの（令34条）

① 耕耘

② 河川管理施設（堤防等）から距離が5mを超える土地における行為のうち，次のもの。

1) 堤内の土地における地表から高さ3メートル以内の盛土（堤防に沿う長さが20m以上のものを除く）

2) 堤内の土地における地表から深さ1m以内の土地の掘削又は切土

3) 堤内の工作物の新築又は改築

これに該当する工作物（コンクリート造り，石造り等の堅固なもの及び貯水池，水路等水が浸透するおそれがあるものを除く）は木造，プレハブ，軽量鉄骨，ブロック造等の堅固でないもの。

ウ　罰則（法104条）

第8　砂防法（明治30年法律第29号）

1　規制等の概要・手続き

砂防指定地内における行為制限：許可が必要。

2　行為制限に係る法令　―　砂防指定地等管理条例（平成15年宮城県条例第42号）

(1) 砂防指定地内における制限行為（第5条）

① 土地の掘削，盛土，切土その他土地の形状を変更する行為

② 土石（砂れきを含む。）の採取若しくは鉱物の採掘又はこれらを集積し，若しくは投棄する行為

③ 立竹木の伐採

④ 樹根，芝草その他の生産物の採取

⑤ 施設又は工作物の新築，改築，移転又は除去。

⑥ 木竹の滑下又は地引による搬出

⑦ 牛，馬その他の家畜の継続的な放牧又はけい留

⑧ 火入れ又はたき火

⑨ 上記に掲げるもののほか，治水上砂防に支障を及ぼすおそれのある行為で砂防指定地等管理条例施行規則で定めるもの

(2) 適用除外

① 非常災害のために必要な応急措置として行う行為

②　上段に掲げる行為のうち日常生活のためのもので，治水上砂防に支障を及ぼすおそれのないものとして，砂防指定地等管理条例施行規則で定めるもの。

(3)　許可の基準

①　砂防法に基づき申請に係る行為が治水上砂防に支障がないと認められること

②　大規模開発（20ha以上）の場合は，「砂防指定地及び地すべり防止区域内における宅地造成等の開発行為技術審査基準」による。

渓流に対する盛土（Ⅱ—5）

①　渓流に対し，残流域の生ずる埋立ては極力避けるものとする。

ただし，残流域の面積が0.1㎢以下で下流に対して土砂流出による被害の発生するおそれのないものは，この限りでない。

③　やむを得ず，渓流に対し，残流域の面積が0.1㎢を超える埋立てを行う場合には，当該残流域等の地質，土質，地形，地下水及び湧水等の現地状況を調査し，残流域等からの土砂流出に対する安全性や残流域等からの地下水や湧水等に対する盛土の安全性等の検討を行い，適切な対策を講ずるものとする。

第9　急傾斜地の崩壊による災害の防止に関する法律（昭和44年法律第57号）

1　法の目的

急傾斜地の崩壊による災害の防止に関する法律（以下「法」という。）は，「急傾斜地の崩壊による災害から国民の生命を保護するため，急傾斜地の崩壊を防止するために必要な措置を講じ，もって民生の安定と国土の保全とに資することを目的」としている（法1条）。

2　急傾斜地崩壊危険区域の指定（法3条1項）

急傾斜地崩壊危険区域とは，「崩壊するおそれのある急傾斜地で，その崩壊により相当数の居住者その他の者に危害が生ずるおそれがあるもの及びこれに隣接する土地のうち，当該急傾斜地の崩壊が助長され，又は誘発されるおそれがないようにするため，第7条第1項各号に掲げる行為が行われることを制限する必要がある土地の区域」をいう。

都道府県知事が，関係市町村長（特別区の長を含む。）の意見を聞いて，指定することができる。

3　行為の制限（法7条1項）　都道府県知事の許可が必要。

①　水を放流し，又は停滞させる行為その他水の浸透を助長する行為（1号）

②　ため池，用水路その他の急傾斜地崩壊防止施設以外の施設又は工作物の設置又は改造（2号）

③　のり切，切土，掘削又は盛土　④　立木竹の伐採

⑤　木竹の滑下又は地引による搬出　⑥　土石の採取又は集積

⑦　前各号に掲げるもののほか，急傾斜地の崩壊を助長し，又は誘発するおそれのある行為で政令で定めるもの

ア　用排水路に水を放流する行為

イ　ため池その他の貯水施設に水を放流し，又は貯留する行為

ウ　除伐又は倒木竹若しくは枯損木竹の伐採

エ　急傾斜地崩壊危険区域のうち，急傾斜地の下端に隣接する急傾斜地以外の土地の区域における次に掲げる行為（以下省略）

オ　急傾斜地崩壊危険区域のうち，急傾斜地の上端に隣接する急傾斜地以外の土地の区域における次に掲げる行為（以下省略）

カ　採石法第33条の規定による認可を受けた者が行う当該認可に係る行為等。

キ　土砂の流出又は崩壊の防備を目的とする保安林又は保安施設地区において，森林法第34条第1項又は第2項の規定による許可を受けた者が行う当該許可に係る行為

ク　砂利採取法第16条の規定による認可を受けた者が行う当該認可に係る行為又は同法第23条の規定による都道府県知事若しくは河川管理者の命令を受けた者が行う当該命令の実施に係る行為　　等

3—2　急傾斜地崩壊防止工事の技術的基準（法14条第2項，令3条）

①　のり切は，地形，地質等の状況及び急傾斜地崩壊防止施設の設計を考慮して行わなければならない。

②　のり面には，土圧，水圧及び自重によって損壊，転倒，滑動又は沈下しない構造の土留施設を設けなければならない。ただし，土質試験等に基づき地盤の安定計算をした結果急傾斜地の安全を保つために土留施設の設置が必要でないことが確かめられた部分については，この限りでない。

③　のり面は，石張り，芝張り，モルタルの吹付け等によって風化その他の侵食に対し保護しなければならない。

④　土留施設には，その裏面の排水をよくするため，水抜穴を設けなければならない。

⑤　水のしん透又は停滞により急傾斜地の崩壊のおそれがある場合には，必要な排水施設を設置しなければならない。

⑥　なだれ，落石等により急傾斜地崩壊防止施設が損壊するおそれがある場合には，なだれ防止工，落石防止工等により当該施設を防護しなければならない。

3―3　急傾斜地崩壊危険区域内行為技術基準（都道府県が作成）（法14条第2項）

4　条件（法7条2項）

都道府県知事は，前項の許可に，急傾斜地の崩壊を防止するために必要な条件を附することができる。

5　規制等の目的を実効あらしめるための制度

監督処分（法8条），土地の保全等（法9条），改善命令（法10条），立入検査（法11条），都道府県の施行する急傾斜地崩壊防止工事（法12条）

第10　地すべり等防止法（昭和33年法律第30号）

1　法の目的

地すべり等防止法（以下「法」という。）は，「地すべり及びぼた山の崩壊による被害を除却し，又は軽減するため，地すべり及びぼた山の崩壊を防止し，もって国土の保全と民生の安定に資することを目的」としている（法1条）。

2　地すべり防止区域の指定（法3条）

地すべり防止区域とは，「地すべり区域（地すべりしている区域又は地すべりするおそれの極めて大きい区域をいう。）及びこれに隣接する地域のうち地すべり区域の地すべりを助長し，若しくは誘発し，又は助長し，若しくは誘発するおそれの極めて大きいもの」。

主務大臣が，「公共の利害に密接な関連を有するもの」を「地すべり防止区域」として指定することができる。

3　行為の制限（法18条）　都道府県知事の許可が必要。

① 地下水を誘致し，又は停滞させる行為で地下水を増加させるもの，地下水の排水施設の機能を阻害する行為その他地下水の排除を阻害する行為（政令で定める軽微な行為を除く）（1号）

② 地表水を放流し，又は停滞させる行為その他地表水の浸透を助長する行為（政令で定める軽微な行為を除く。）（2号）

③ のり切又は切土で政令で定めるもの（3号）

④ ため池，用排水路その他の地すべり防止施設以外の施設又は工作物で政令で定めるもの（以下「他の施設等」という。）の新築または改良（4号）

⑤ 前各号に掲げるもののほか，地すべりの防止を阻害し，又は地すべりを助長し，若しくは誘発する行為で政令で定めるもの（5号）

4　地すべり防止区域内における制限行為（令5条）

(1)　法18条第1項第3号関係

「のり切にあってはのり長3メートル以上のものとし，切土にあっては直高2m以上のもの」

(2)　法第18条第1項第4号関係

(3)　法18条1項5号関係

① 地表から深さ2m以上の掘削又は地すべり防止施設から5m（地すべり防止施設の構造又は地形，地質その他の状況により都道府県知事が距離を指定した場合には，当該距離）以内の地域における掘削（地すべり防止施設から1mを超える地域における地表から深さ50センチメートル未満の掘削で当該掘削した土地を直ちに埋め戻すものを除く。）

② 載荷重が1平方メートルにつき10トン（地形，地質その他の状況により都道府県知事が載荷重を指定した場合には，当該載荷重）以上の土石その他の物件の集積

5　不許可（法18条2項）

都道府県知事は，前項の許可の申請があった場合において，当該許可の申請に係る行為が地すべりの防止を著しく阻害し，又は地すべりを著しく助長するものであると認めるときは，これを許可してはならない。

6　地すべり防止区域における許可を要しない行為

(1)　法18条1項1号関係（令4条）

① 地すべり防止区域外から鉄管，コンクリート管，竹管その他漏水のおそれの少ない管渠でその有効断面積が45平方センチメートル以下

のものをもって地下水を引く行為（1号）

② 地下水をくみ上げる行為（1馬力を超える動力を用いてくみ上げる行為を除く。）（2号）

③ 水道管（有効断面積が45平方センチメートルを超える水道管で地すべり防止区域外から地下水を引水するものを除く。），ガス管その他これらに類する物件の埋設（3号）

④ 前各号に掲げるもののほか，地すべり防止区域の状況を勘案して都道府県知事が指定する軽微な行為（4号）

(2) 法18条1項2号関係（令4条2項）

7　地すべり防止技術基準

8　砂防指定地及び地すべり防止区域内における宅地造成等の大規模開発審査基準（案）

策定：昭和49年4月19日建河砂発第20号

改訂：平成30年6月15日国水砂第15号

法面処理（Ⅱ—3），「盛土の禁止区域」（Ⅱ—4），地すべりに対する処理（Ⅲ）等，詳細な定めがある。

第11　土砂災害警戒区域等における土砂災害防止対策の推進に関する法律（平成12年法律第57号）

1　法の目的

土砂災害警戒区域等における土砂災害防止対策の推進に関する法律（以下「法」という。）は，「土砂災害から国民の生命及び身体を保護するため，土砂災害が発生するおそれがある土地の区域を明らかにし，当該区域における警戒避難体制の整備を図るとともに，著しい土砂災害が発生するおそれがある土地の区域において一定の開発行為を制限し，建築物の構造の規制に関する所要の措置を定めるほか，土砂災害の急迫した危険がある場合において避難に資する情報を提供すること等により，土砂災害の防止のための対策の推進を図り，もって公共の福祉の確保に資することを目的」としている（法1条）。

2　土砂災害特別警戒区域（法9条1項）

(1) 土砂災害特別警戒区域とは，「警戒区域のうち，急傾斜地の崩壊等が発生した場合には建築物に損壊が生じ住民等の生命または身体に著しい危害が生ずるおそれがあると認められる土地の区域で，一定の開発行為の制限及び居室（建築基準法第2条第4号に規定する居室をいう。）を有する建築物の構造の規制をすべき土地の区域」をいう。

都道府県知事が指定する。

(1) —2　土砂災害特別警戒区域の指定の基準（令3条）

(2)　警戒区域（法7条1項）

「警戒区域」とは「土砂災害警戒区域」＝急傾斜地の崩壊等が発生した場合には住民等の生命又は身体に危害が生ずるおそれがあると認められる土地の区域で，当該区域における土砂災害を防止するために警戒避難体制を特に整備すべき土地の区域として政令で定める基準に該当するもの」をいう。

(2) —2　土砂災害警戒区域の指定の基準（令2条）

3　特定開発行為の制限（法10条）

(1)　特別警戒区域内において都市計画法第4条第12項に規定する開発行為で当該開発行為をする土地の区域内において建築が予定されている建築物（「予定建築物」）の用途が制限用途であるもの（「特定開発行為」）。

都道府県知事の許可が必要。

(1) —2　制限用途（法10条2項）

予定建築物の用途で，住宅（自己の居住の用に供するものを除く。）並びに高齢者，障害者，乳幼児その他の特に防災上の配慮を要するものが利用する社会福祉施設，学校及び医療施設（政令で定めるものに限る。）以外の用途でないもの。

(1) —3　要配慮者利用施設の利用者の避難の確保のための措置に関する計画に定めるべき事項（規則5条の2）（法8条の2第1項関係）

4　許可の基準（法12条）

(1)　都道府県知事は，第10条第1項の許可の申請があったときは，前条第1項第3号及び第4号に規定する工事（「対策工事等」）の計画が，特定予定建築物における土砂災害を防止するために必要な措置を政令で定める技術的基準に従い講じたものであって，かつ，その申請の手続がこの法律又はこの法律に基づく命令の規定に違反していないと認めるときは，その許可をしなければならない。

(2)　対策工事等の計画の技術的基準（令7条）

5　建築制限（法19条）

第10条第1項の許可を受けた開発区域（特別警戒区域内のものに限る）内の土地においては，前条第3項の規定による公告があるまでの間は第10条第1項の制限用途の建築物の建築をしてはならない。

6　土砂災害防止対策基本指針（法3条関係）

第12　都市計画法（昭和43年法律第100号）

1　法の目的

都市計画法（以下「法」という。）は，「都市計画の内容及びその決定手続，都市計画制限，都市計画事業その他都市計画に関し必要な事項を定めることにより，都市の健全な発展と秩序ある整備を図り，もって国土の均衡ある発展と公共の福祉の増進に寄与することを目的」としている（法1条）。

2　開発許可制度の趣旨

市街化区域及び市街化調整区域の区域区分（いわゆる「線引き制度」）を担保し，良好かつ安全な市街地の形成と無秩序な市街化の防止を目的とする。

3　開発行為（法4条12項）

開発行為とは，主として建築物の建築または特定工作物の建設の用に供する目的で行う土地の区画形質の変更をいう。

4　許可権者

都道府県知事，政令指定都市の長，中核市の長，特例市の長（法29条）

地方自治法第252条の17の2の規定に基づく事務処理市町村の長

5　規制対象規模（令19条，22条の2）　　国土交通省HP参照。

(1)　都市計画区域

ア　線引き都市計画区域

①　市街化区域

1,000㎡（三大都市圏の既成市街地，近郊整備地帯等は500㎡）以上の開発行為

※　開発許可権者が条例で300㎡まで引き下げ可

②　市街化調整区域　　原則としてすべて開発行為

イ　非線引き都市計画区域　　3,000㎡以上の開発行為

※　開発許可権者が条例で300㎡まで引き下げ可

(2)　準都市計画区域　　　3,000㎡以上の開発行為

※　開発許可権者が300㎡まで引き下げ可

(3)　都市計画区域及び準都市計画区域外　　1ha以上の開発行為

6　規制対象外の開発行為（法29条）

(1)　法29条第1項関係

⑧　防災街区整備事業の施行として行う開発行為（8号）

⑩　非常災害のため必要な応急措置として行う開発行為（10号）

(2)　法29条第2項関係

①　農業，林業若しくは漁業の用に供する政令で定める建築物又はこれらの業務を営む者の居住の用に供する建築物の建築の用に供する目的で行う開発行為（1号）

②　前項第3号，第4号及び第9号から第11号までに掲げる開発行為(2号)

7　開発許可の基準

(1)　法33条関係（技術基準）

道路・公園・給排水施設等の確保，防災上の措置等に関する基準。

①　法33条1項7号

地盤の沈下，崖崩れ，出水その他の災害を防止するため，開発区域内の土地について，地盤の改良，擁壁又は排水施設の設置その他安全上必要な措置が講ぜられるように設計が定められること。この場合において，開発区域内の土地の全部又は一部が次の表の上欄に掲げる各区域内の土地であるときは，当該土地における同表の中欄に掲げる工事の計画が，同表の下欄に掲げる基準に適合していること。

②　法33条1項8号

主として，自己の居住の用に供する住宅の建築の用に供する目的で行う開発行為以外の開発行為にあっては，開発区域内に建築基準法第39条第1項の災害危険区域，地すべり等防止法3条1項の地すべり防止区域，土砂災害警戒区域等における土砂災害防止対策の推進に関する法律第9条第1項の土砂災害特別警戒区域，及び特定都市河川浸水被害対策法56条1項の浸水被害防止区域（「災害危険区域」）その他政令で定める開発行為を行うのに適当でない区域内の土地を含まない

こと。ただし，開発区域及びその周辺の地域の状況等により支障がないと認められるときは，この限りでない。

(2)　法34条関係（立地基準）

市街化を抑制すべき区域という市街化調整区域の性格から，許可できる開発行為の類型を限定している。

第13　盛土規制法（旧宅地造成等規制法）（昭和36年法律第191号）

1　法の目的

(1)　目的

盛土規制法（以下「法」という。）は，「宅地造成，特定盛土等又は土石の堆積に伴う崖崩れ又は土砂の流出による災害の防止のため必要な規制を行うことにより，国民の生命及び財産の保護を図り，もって公共の福祉に寄与することを目的」としている（法1条）。

(2)　同法は令和3年7月の熱海土石流災害を受け令和4年5月に改正され，特定盛土等及び土石の堆積に伴う崖崩れを規制の対象に加えた。ここに「特定盛土等」（法2条第3号）とは，宅地又は農地等において行う盛土その他の土地の形質の変更で，当該宅地又は農地等に隣接し，又は近接する宅地において災害を発生させるおそれが大きいものとして政令で定めるもの。

2　宅地造成等工事規制区域内における宅地造成等に関する工事等の規制（法10条1項，法11条～25条）

(1)　宅地造成等工事規制区域（法10条1項）

都道府県知事は，「宅地造成，特定盛土等又は土石の堆積（以下，「宅地造成等」という。）に伴い災害が生ずるおそれが大きい市街地若しくは市街地となろうとする土地の区域又は集落の区域（これらの区域に隣接し，又は近接する土地の区域を含む。第5項及び第26条第1項において「市街地等区域」という。）であって，宅地造成等に関する工事について規制を行う必要があるもの」を，宅地造成等工事規制区域として指定することができる。

(2)　許可対象工事（法12条1項本文）

宅地造成等工事規制区域内において行われる宅地造成等に関する工事については，工事主は，当該工事に着手する前に，主務省令で定めるところにより，都道府県知事の許可を受けなければならない。

(3)　(2) の例外（法12条1項ただし書）

宅地造成等に伴う災害の発生のおそれがないと認められるものとして政令で定める工事については，この限りでない。

(4)　許可してはならない事由（法12条2項）

同条同項は，許可要件の1つとして，当該宅地造成等に関する工事をしようとする土地の区域内の土地について所有権，地上権，質権，賃借権，使用貸借による権利またはその他の使用及び収益を目的とする権利を有する者の全ての同意を得ていること（4号），としている。

(5)　条件（法12条3項）

都道府県知事は，第1項の許可に，工事の施行に伴う災害を防止するため必要な条件を付することができる。

(6)　盛土等の安全の確保のための施策

①　宅地造成等に関する工事の技術的基準等（法13条）

法13条1項は，宅地造成等工事規制区域内において行われる宅地造成等に関する工事（前条第1項ただし書に規定する工事を除く。）は，政令で定める技術的基準に従い，擁壁，排水施設その他の政令で定める施設（以下，「擁壁等」という。）の設置その他宅地造成等に伴う災害を防止するため必要な措置が講ぜられたものでなければならない，と定める。

②　許可基準に沿って安全確保が行われているかどうかを確認するため，施行の中間検査（法18条），施行状況の定期の報告（法19条），工事完了時の完了検査（法17条）が実施されることとなった。

(7)　責任の所在の明確化

①　監督処分（法20条）

②　災害防止のため必要なときは，土地所有者等だけでなく，原因行為者に対しても，是正措置等が命令されることとなった（法23条）（令和4年5月改正）。なお，立入検査（法24条）

3　特定盛土等規制区域内における特定盛土等又は土石の堆積に関する工事等の規制（法26条1項，法27条～44条）

(1)　特定盛土等規制区域（法26条1項）

都道府県知事は，「宅地造成等工事区域以外の土地の区域であって，土地の傾斜度，渓流の位置その他の自然的条件及び周辺地域における土地利用の状況その他の社会的条件から見て，当該区域内の土地において特定盛土等又は土石の堆積が行われた場合には，これに伴う災害により市街地等区域その他の区域の居住者その他の者（第5項及び第45条1項において「居住者等」という。）の生命または身体に危害を生ずるおそれが特に大きいと認められる区域」を，特定盛土等規制区域として指定することができる。」

(2)　許可対象工事（法30条1項）

特定盛土等規制区域内において行われる特定盛土等又は土石の堆積（大規模な崖崩れ又は土砂の流出を生じさせるおそれが大きいものとして政令で定める規模のものに限る）に関する工事については，工事主は，当該工事に着手する前に，主務省令で定めるところにより，都道府県知事の許可を受けなければならない。

(3)　(2) の例外（法30条1項ただし書）

特定盛土等又は土石の堆積に伴う災害の発生のおそれがないと認められるものとして政令で定める工事については，この限りでない。

(4)　許可してはならない事由（法30条2項）

都道府県知事が許可要件の1つとして，「当該特定盛土等又は土石の堆積に関する工事（中略）をしようとする土地の区域内の土地について所有権，地上権，質権，賃借権，使用貸借による権利又はその他の使用及び収益を目的とする権利を有する者の全ての同意を得ていること」(4号)，としていることに留意のこと。

(5)　条件（法30条3項）

都道府県知事は，第1項の許可に，工事の施行に伴う災害を防止するために必要な条件を付することができる。

(6)　特定盛土等又は土石の堆積に関する工事の技術的基準等（法31条）

(7)　許可の特例（法34条）

(8)　完了検査等（法36条），中間検査（法37条），定期の報告（法38条）

(9)　監督処分（法39条），改善命令（法42条），立入検査（法43条）

4　造成宅地防災区域内における災害の防止のための措置（法45条1項，法46条～48条）

(1)　造成宅地防災区域（法45条1項）

都道府県知事は，「この法律の目的を達成するために必要があると認めるときは，宅地造成又は特定盛土等（宅地において行うものに限る）に伴う災害で相当数の居住者等に危害を生ずるものの発生のおそれが大きい一団の造成宅地（これに附帯する道路その他の土地を含み，宅地造成等工事規制区域内の土地を除く。）の区域であって政令で定める基準に該当するものを，造成宅地防災区域として指定することができる。」

(2)　災害の防止のための措置（法46条）

(3)　改善命令（法47条）

おわりに

以上のとおり，メガソーラー及び大規模風力事業の関係法令（特に，防災関係条項）は相当数あり，これらの防災のための措置が励行された場合には，事業の設計・開始・運用等の過程で，災害が発生する事態はかなりの程度，予防できるものと思料される。もっとも，自治体の物的・人的制約のため，また，関係部署の連携が不十分であったり，あるいは，長年の行政依存体質が災いして（大橋洋一編『災害法』96頁），防災面で不十分な事態があり得ることを指摘して，本稿を擱くこととする。

3 「メガソーラー及び大規模風力発電所の建設に伴う，災害の発生，自然環境と景観破壊及び生活環境への被害を防止するために，法改正等と条例による対応を求める意見書」（2022年11月16日）の解説

小島智史
（日弁連公害対策・環境保全委員会）

1 はじめに

1 メガソーラー及び大規模風力発電所の建設が，山林等の大規模開発につながっている現状について

⑴ 現在，全国各地において，1メガワット以上の出力を持つ大規模太陽光発電所（いわゆるメガソーラー）及び大規模風力発電所の建設に伴い，山林の崩落等の災害，自然環境と景観の破壊及び地域住民の生活環境の侵害等の著しい被害が発生し，あるいは今後発生する懸念のある事例が，全国各地で多数見られる状況にある。

⑵ 本来，温暖化対策のために再生可能エネルギー発電（以下「再エネ発電」と述べる）を推進すること自体は必要である。日弁連としても，1997年8月に「地球温暖化防止のための日弁連提言」を公表し，2009年の第52回人権擁護大会における「地球温暖化の危険から将来世代を守る宣言」，2021年の第63回人権擁護大会における「気候危機を回避して持続可能な社会の実現を目指す宣言」，同年6月18日の「原子力に依存しない2050年脱炭素の実現に向けての意見書」等において，気候危機は重大な人権問題であると指摘した上で，2050年までに脱炭素を実現するための道筋として，2030年までに温室効果ガ

スの排出量を1990年比で50％（2013年比55％）以上削減し，電力供給における再生可能エネルギーの割合を50％以上とする目標を設定すること，2050年までに電力供給における再生可能エネルギーの割合を100％とすることを目指すことなど，一貫して，再生可能エネルギーの推進によって，地球温暖化による危機を回避するよう求めてきているところである。

しかしながら，再エネ発電施設を設置するために，二酸化炭素の吸収源である森林や自然を著しく破壊することは，地球温暖化対策としても本末転倒である。災害の危険性を考慮せずに森林を切り開くなどして，地域住民の安全・安心な生活を危機にさらすような開発は，地域社会にも寄与しない。したがって，災害発生や自然環境及び地域住民の生活に対する悪影響への懸念が，再生可能エネルギー推進の妨げとならないようにするためにも，再エネ発電施設の設置は，そのような被害が生じることのないように設置場所を十分に検討した上で行うことが必要である。

(3) 森林は，上述の通り二酸化炭素吸収源として，地球温暖化を緩和する機能を有する。また，そのうちの国有林は，林業白書でも，「国有林野は，人工林，原生的な天然林等の多様な生態系を有し，希少種を含む様々な野生生物の生育・生息の場となっている。さらに，国有林野の生態系は，里山林，渓畔林，海岸林等として，農地，河川，海洋等の森林以外の生態系とも結び付いており，我が国全体の生態系ネットワークの根幹として，生物多様性の保全を図る上で重要な位置を占めている」とされており[1]，そのほとんどが保安林に指定されている。このような国有林野を含む山林の大規模な開発が生態系に与える影響は甚大である。

さらに，森林のみならず，湿地，牧草地，その他の原野についても，生物多様性保全その他の機能を有することから重要である。この点，湿地について，アメリカ合衆国では水質保全法401条以下で保護され，ノーネットロス原則のもと，同等の価値を新たに創設できない限り，開発は認められない。また，ドイツでも，自然保護法によって自然生態系や稀少動植物に悪影響を及ぼす行為が厳しく制限されている。ドイツでは都市や村落の外における開発行為が原則としてできず，開発が許可されるためには，影響回避措置・影響最小化措置を検討した上で，同等以上の価値を創出することが必要とされている。

1 「令和２年度 森林・林業白書」216頁。

しかし，日本では，これらの国と同様な開発規制が存在しないために，各地で多くの問題が生じるに至っている。

(4) なお，以上のような森林や湿地といった生物多様性の保全のために重要な地域を開発しなくても，2050年までに100％再生可能エネルギーの実現を行うことは十分に可能である。

2022年時点で，再生可能エネルギー電力が日本国内の全発電電力量（自家消費含む）に占める割合は22.7%である。そのうち，太陽光発電は，日本の再生可能エネルギー電力の約43.6％（日本の発電総量の9.9％）を占めている[2]。また，2021年時点での太陽光発電の設備容量は65ギガワットであり[3]，2021年の日本全体の総発電設備の設備容量314ギガワット[4]の20％余りを占めている。既に5月から10月までの時期においては，太陽光発電は主力電源となっており，九州電力，中国電力や四国電力管内では，土曜日・日曜日の昼間の時間帯は，太陽光発電を中心とする再生可能エネルギーによって100％供給可能な状況となっている。

そして，令和3年度環境省委託業務「令和3年度再エネ導入ポテンシャルに係る情報活用及び提供方策検討等調査委託業務報告書」[5]によれば，太陽光発電の導入ポテンシャル（設備容量）は，屋根置きで455ギガワット，荒廃農地のうちの「再生利用が困難と見込まれる荒廃農地」だけで212ギガワットあり，他に営農型太陽光発電[6]の可能性も800ギガワット程度あるとされている。これらの生物多様性保全への影響が少ないと考えられる場所だけで，2021年時点の総発電設備の設備容量314ギガワットの4.6倍強もの電力が確保できる計算となる。

また，洋上風力は，環境省の委託調査によれば，1120ギガワットの設備容

---

2 ISEP 2022年の自然エネルギー電力の割合（暦年・速報）2023年4月14日 https://www.isep.or.jp/archives/library/14364

3 ISEP 国内の2021年度の自然エネルギー電力の割合と導入状況（速報）https://www.isep.or.jp/archives/library/14041

4 電力広域的運営推進機関（OCCTO）2022年度供給計画の取りまとめ https://www.occto.or.jp/kyoukei/torimatome/files/220331_kyokei_torimatome_2.pdf

5 https://www.renewable-energy-potential.env.go.jp/RenewableEnergy/report/r03.html

6 農林水産省で2023年2月20日に開催された農地法制の在り方に関する研究会の資料（https://www.maff.go.jp/j/study/attach/pdf/nouti_housei-27.pdf）によれば，自然災害等で単収減少した事例を除いた73件を除いた約87％の事業では，十分な農作物の収穫量が確保されている。

量の可能性が認められており，これだけで，2021年時点の総発電設備の設備容量314ギガワットの３倍強となる。洋上風力の建設についても環境影響を生じさせる可能性があり，環境への配慮を十分に行う必要はあるが，環境配慮を行いつつ，かつ上記の森林等以外の場所における太陽光発電の設置や，水力，バイオマス，地熱開発等も組み合わせて発電施設を設置すれば，2050年時点で，環境への影響に対して適切な配慮を行いつつ，再生可能エネルギー100％を実現することは十分に可能と考えられる。

(5) また，SDGsの各目標・ターゲットとの関係でも，再エネ発電施設の開発と，環境保全との両立を十分に検討する必要がある。

SDGsのターゲット7.2では，「2030年までに，世界のエネルギーミックスにおける再生可能エネルギーの割合を大幅に拡大させる」ことが求められていることから，再生可能エネルギーの推進を行うこと自体は必要である。しかし，それとともに，ターゲット15.4では，「2030年までに持続可能な開発に不可欠な便益をもたらす山地生態系の能力を強化するため，生物多様性を含む山地生態系の保全を確実に行う」ことが求められており，生物多様性を含む山地生態系の保全も合わせて行う必要がある。また，ターゲット1.5「2030年までに，貧困層や脆弱な状況にある人々の強靭性（レジリエンス）を構築し，気候変動に関連する極端な気象現象やその他の経済，社会，環境的ショックや災害に暴露や脆弱性を軽減する。」や，ターゲット11.5「2030年までに，貧困層及び脆弱な立場にある人々の保護に焦点をあてながら，水関連災害などの災害による死者や被災者数を大幅に削減し，世界の国内総生産比で直接的経済損失を大幅に減らす。」から，災害に伴う住民の被害防止も求められているところである。

したがって，SDGsの各目標・ターゲットの同時達成に向けた取組みの推進という観点からも，再エネ発電施設の開発と，自然環境保全や災害等の防止による地域住民の生活保全との両立を図るための法制度の整備・運用が求められるところである。

2　再エネ発電施設による山林等の開発が進められている要因について

(1) 再エネ発電施設の建設のための開発について自然環境保護や地域住民の生活への影響を十分に考えないままに行われる事例が，特に山林において全国的に多発している。その結果，貴重な自然生態系の破壊や，土砂災害，水源枯渇，景観破壊，それに風車の騒音・低周波による被害等をめぐって，近隣住民等との間で多数のトラブルが生じている。また，利益を優先することによる開発許可申請書の虚偽記載，贈賄，アセス逃れといった，違法・脱法行為を伴う乱開発事例なども多発している。

⑵ 各地で生じている問題の大きな要因は，再エネの導入が過度な利益誘導のもとに進められてきたことに加え，再エネ発電施設の設置による山林などの開発について適正に規制する法制度が整っていないことにある。

ア　地球温暖化対策，及び東北地方太平洋沖地震による福島第一原子力発電所事故以後のエネルギー政策の見直しの必要性を背景に，再生可能エネルギーに対する期待が高まり，2011年8月に再エネ特措法（当時は電気事業者による再生可能エネルギー電気の調達に関する特別措置法）が制定され，2012年7月から固定価格買取制度（Feed-in Tariff，以下「FIT制度」という）がスタートした。その後，太陽光発電を中心に再生可能エネルギーの導入が飛躍的に進み，電源構成における再生可能エネルギー比率は2019年度で18％にまで達した[7]

イ　FIT制度が制定され，特に導入当初，再エネ発電の電力が高価格で買い取られたことによって，再エネ開発が大きく進んだ。その反面，その利益の大きさから，再エネ開発に伴う防災・環境面への配慮を行わずに開発を行おうとする業者も多く再エネ開発事業に参入するようになっている。

ウ　近年の山林価格の低迷により，安い値段で大面積の山林を取得しやすくなっていることや，農地法による制限がある農地と異なり，森林などの農地以外の土地では，森林法等の法律による開発行為にかかる規制，特に防災面や環境面を考慮した規制が十分でないこと，さらに紛争予防のための住民の意見聴取の手続きや紛争の解決制度が十分に整備されていないことも，山林で再エネ発電を設置するための開発が行われる要因の一つとなっている。

エ　また，2020年10月，菅総理大臣（当時）は所信表明演説で，2050年までに温室効果ガスの排出を全体としてゼロにする，すなわちカーボンニュートラルを目指すことを宣言し，再生可能エネルギーを最大限導入すると述べた。その後，内閣府特命担当大臣（規制改革）主宰で，「再生可能エネルギー等に関する規制等の総点検タスクフォース」が開催され，再生可能エネルギーの主力電源化及び最大限の導入の障壁となる再生可能エネルギーに係る規制の見直

7　経済産業省2020年11月18日発表。

しが実施され，風力発電事業における環境影響評価手続の対象事業規模要件の緩和や，国有林の貸出事務や保安林指定解除手続の迅速化等の規制緩和が進んだ[8]。

このタスクフォースでは，再生可能エネルギーの飛躍的導入の妨げとなっている規制の一覧が作成され，「飛躍的な導入」の名目の下に規制緩和を一気に進めることが意図され，その結果として，十分な根拠の検討がなされないまま上記の風力発電の環境影響評価手続の規模要件の緩和等が実施されるに至っている。しかしながら，このような規制緩和は，証拠に基づく政策（EBPM，Evidence Based Policy Making）からかけ離れた政策変更であり，問題状況を更に混迷させるものとなっている。

3　自治体及び国の対応状況について

(1) 再エネ発電施設の設置のための開発によって，地域の自然環境・生活環境に問題が生じていることを踏まえ，各地の自治体が開発規制条例を制定して対応することを進めている。

2022 年４月１日時点で，都道府県・市町村において合計 256 条例の制定が確認されており，具体的には，都道府県が７条例，市町村条例が 249 条例である。これらの制定時期を見ると，平成 26 年は２条例，平成 27 年は５条例，平成 28 年は 13 条例，平成 29 年は 19 条例，平成 30 年は 28 条例，平成 31 年・令和元年は 44 条例，令和２年は 39 条例，令和３年は 31 条例，令和４年は 49 条例，令和５年は 24 条例（令和５年６月 23 日時点）となっており[9]，近年においてより多数の開発規制条例が制定されている。

このような急速な規制条例の広がりは，貴重な自然環境や住民の生活を破壊しかねない乱開発に対する地方自治体の危機感の表れである。もっとも，一方で，規制を強化する地方自治体に対しては，事業者側から条例の無効等の確認を求める裁判，条例に基づく処分の取消しや損害賠償を求める裁判が提起されており，それによって各自治体の今後の対応が委縮することも懸念されるところである。

(2) 国においても，2022 年４月，経済産業省・農林水産省・国土交通省・

8　規制改革実施計画（2021 年６月 18 日）におけるグリーン分野の成果一覧 https://www8.cao.go.jp/kisei-kaikaku/kisei/publication/keikaku/210618/keikaku.pdf

9　http://www.rilg.or.jp/htdocs/img/reiki/005_solar.htm　2023 年９月５日更新のもの。

環境省が共同して，再生可能エネルギー発電設備の適正な導入及び管理のあり方に関する検討会を設置し，さらに同年10月7日に，「再生可能エネルギー発電設備の適正な導入及び管理のあり方に関する検討会提言」を公表している。さらに，2023年2月28日，脱炭素社会の実現に向けた電気供給体制の確立を図るための電気事業法等の一部を改正する法律案が閣議決定され，地域と共生した再エネの最大限の導入促進のための再エネ特措法の改正が国会で検討され同年5月31日に成立したGX脱炭素電源法により，再エネ特措法の一部改正が行われた。

このように，国においても，地域で発生している様々な問題を認識して，解決に向けた取組を始めたこと自体は評価できるものの，国の上記検討会の提言では，風力発電について現行規制の問題点や具体的な規制の必要性について十分検討されていないことや，太陽光発電についても，法改正によって問題を根本的に解決するような具体策を提言するには至っていないなど，なお不十分な点が多いと考えられる。

4　日弁連における検討状況

(1) 以上のように，再エネ発電施設の設置に伴う森林等の開発による，災害発生や自然環境及び地域住民の生活環境に対する悪影響への懸念が高まっていること，またそのような懸念が再生可能エネルギー推進の妨げともなりかねない状況にあることを踏まえ，再生可能エネルギー発電施設の建設の推進と，自然環境の保全及び災害等の防止による地域住民の生活保全との両立を図ることが，現在非常に重要な課題となっている。

(2) そこで，これらの両立を図るために，再エネ開発に関わる現行法の問題点と，自然環境の保全及び災害等の防止のために求められる規制についての検討が必要であることから，日弁連公害対策・環境保全委員会内では，2022年にメガソーラー問題検討PTを結成して検討を行ってきた。

そして，同PTでの検討結果を踏まえ，2022年11月16日に，日弁連は，「メガソーラー及び大規模風力発電所の建設に伴う，災害の発生，自然環境と景観破壊及び生活環境への被害を防止するために，法改正等と条例による対応を求める意見書」を取りまとめた。この中では，メガソーラー及び大規模風力発電所による山林等の開発問題に対応するために必要と考えられる法改正や条例制定等の具体的な対応策について，提言を行っている。

2　日弁連意見書の内容

1　は じ め に

今回の意見書では，上述の検討結果を踏まえ，再エネ開発に関わる現行法の問題点と，自然環境の保全及び災害等の防止のために求められる規制についての提言を行っている。そのうち，法改正に関する提言として，①森林法，②環境影響評価法，③再エネ特措法に関する提言，④公害紛争処理法の改正等による，再エネ発電施設に関する紛争の予防・解決制度の導入の提言，⑤再エネ事業の地域還元のための制度の導入の提言を行っている。また，条例制定に関する提言として，㋐森林等の著しい開発行為を規制するための条例の提言，㋑ゾーニングに関する提言を行っている。

2　森林法に関する改正提言

(1)　現在の森林法においては，林地開発許可制度に関する問題がある。

ア　森林法第10条の2第1項は，地域森林計画の対象となっている森林で開発行為をしようとする者は，都道府県知事の許可を受けなければならないという，いわゆる林地開発許可制度について定めている。

この林地開発許可制度では，森林法10条の2の第2項により，①災害発生のおそれ（第1号），②水害発生のおそれ（第2号），③水の確保への著しい支障（第3号），④環境を著しく悪化させるおそれ（第4号）という，各号で定められた要件のいずれかに該当すると認めるときは，都道府県知事は開発行為の許可をしないことができる。他方で，各号の要件に該当しない場合には，都道府県知事は許可をしなければならないとされており，規定上，許可が義務付けられている。そして，これらの林地開発許可に係る①～④の要件については，通知によって詳細な技術的基準が定められている。

イ　しかしながら，このような林地開発許可の規制があるにも関わらず，各地でメガソーラー・大規模風力発電所の設置の関わる問題事例が多く発生している。

例えば，鹿児島県霧島市の事例で，許可を受けた場所で災害が発生している。このことは，現在の林地開発許可の許可要件が，災害発生防止のために十分機能していないことを示している。

次に，山梨県甲斐市菖蒲沢地区の事例では，許可申請時に設置するとされていた防災施設が設置されなかった。このことは，許可申請の際に提出された計画内容が，実際に履行されないような場合の対応策が不十分であることを示している。

次に，長崎県佐世保市宇久島の事例では，地域住民への説明や意見聴取をせず，地域住民の理解を得ないまま，林地開発許可を受けた事業者が工事に着工し，紛争が生じている。このことは，地域住民を始めとした利害関係者の合意形成手段が不適切なまま，許可が行われていることを示している。

以上のような問題事例が生じないようにするために，森林法の林地開発許可の規定等について，法改正による対応が必要である。そこで，以下述べるような提案を，意見書の中で行っている。

⑵ 森林法の目的の改正

ア　現在の森林法１条は，林業の発展に関する目的しか定められていない。

森林の公益的機能の保全や，乱開発の防止に向けて，森林法の諸施策が十分に機能するようにするためには，水害・土砂災害の防止，生物多様性の保全，景観形成といった，森林の公益的機能の保全を，森林法の目的に加えることがまず必要と考えられる。そこで，意見書において，この森林法の目的に関する改正提案を行っている。

イ　林業が衰退してきている中で，森林の有する公益的機能が非常に重要になってきている。林野庁においても，森林の多面的機能として，生物多様性保全，保健・レクリエーション機能（リハビリテーション，休息・リフレッシュ，レクリエーション），地球環境保全，快適環境形成機能（気候緩和，大気浄化，騒音防止等），土砂災害防止機能／土壌保全機能，文化機能（景観，学習・教育，伝統文化・祭礼，風土形成），水害防止を含む水源涵養機能，物質生産機能（木材，食料，肥料その他）を挙げている[10]。これを整理すると，森林には，水源涵養機能，水害防止機能，土砂災害防止機能，気候変動緩和機能，大気浄化機能，生物多様性保全機能，景観形成・保健・保養・文化機能といった公益的機能が認められる。今日，この公益的機能の保全の必要性は極めて高くなっている。

他方で，現在の森林法第１条では，こうした公益的機能への言及がなく，森林の公益的機能の保全を図ることが森林法全体の目的となっていない。このこ

10　林野庁ホームページ「森林の有する多面的機能」
https://www.rinya.maff.go.jp/j/keikaku/tamenteki/con_1.html

とが，農地以外への転用が厳しく制限されている農地と比較しても，森林の乱開発が進み，その公益的機能の喪失が進んでいる要因となっていると考えられる。

ウ　したがって，森林法第1条を，「森林は，林産物の生産地としての機能に加え，水源涵養機能，水害防止機能，土砂災害防止機能，気候変動緩和機能，大気浄化機能，生物多様性保全機能，景観形成・保健・保養・文化機能といった公益的機能を有することに鑑み，この法律は，森林計画，保安林その他の森林に関する基本的事項を定めて，森林生産力の維持，森林の有する公益的機能の保全を図ることを目的とする」と改正し，その公益的機能の保全に向けて森林法の諸施策が実施されるようにすべきである。

(3) 林地開発許可規定（森林法第10条の2）に，公益的機能の保全のための要件を追加し，また要件裁量・効果裁量を与える規定に改正すべきこと

ア　森林法第10条の2の林地開発許可規定に，公益的機能の保全のための要件を追加しつつ，都道府県知事が林地開発許可を行う際に，森林の公益的機能保全の観点から，許可要件の判断，あるいは許可するかどうかの判断に裁量を与える規定に改正すべきという提案を，意見書では行っている。

イ　上述の森林法第10条の2第2項では，森林法以外の法令に違反していないことが許可の要件とはされていないため，例えば砂防法，地すべり等防止法，及び急傾斜地の崩壊による災害の防止に関する法律に基づく危険情報など，他の法令の災害関連の情報が林地開発許可の際に必ずしも考慮されないという問題がある。また，現在の許可要件に関する技術的基準では景観に関する基準が具体的に定められていないために，景観への影響が不許可の判断に結び付きにくいという問題がある。さらに，現在の森林法10条の2第2項の規定では，災害のおそれといった要件に該当しない場合には必ず許可をしなければならないとされているため，災害のおそれがないから許可するべきだと強硬に主張する申請事業者に訴訟を提起されるリスクを考えてしまい，都道府県知事が不許可処分に消極的になっている面があると考えられる。

ウ　そこで，まず，林地開発許可をする都道府県知事が，森林の公益的機能保全の観点からのより柔軟な判断が行えるように，許可要件については，現状の要件に加えて，先ほどの森林法の目的に関する改正の提言を踏まえ，「森林の公益的機能を害するなど森林法の目的に反するおそれがあること」を要件に加えるべきと提案している。また，同じ森林法10条の2第2項の，「次の各号

のいずれにも該当しないと認めるときは，これを許可しなければならない」という規定を，「次の各号のいずれにも該当しないと認められない限り，これを許可してはならない」と改めて，各許可要件を厳密に判断するように求めることによって，安易に許可処分が出されないような規定にすることを提案している。

エ　なお，上記改正を行った上で，防災関係法令に基づく危険情報の検討を十分に行うために，同項各号の判断を行うに当たって，林地開発許可の担当部署と防災担当部署との間で情報共有を行い連携を取って対応することも，合わせて必要である。

(4) 森林法第10条の2第2項の許可要件についての技術的基準を法令で定めること

ア　林地開発許可がなされていたにもかかわらず，法面崩壊が起きた事例が存在することからすると，許可要件を具体化した従来の技術的基準は緩やかに過ぎたと考えられる。

イ　この点に関して，「太陽光発電施設の設置を目的とした開発行為の許可基準の運用細則について（令和元年12月24日付け元林整治第686号林野庁長官通知）」により，技術的基準を厳しくする対応がとられたところであるが，なお，現在の技術的基準には緩やかにすぎる面がある。具体的には，現在，排水施設の計画に用いる雨水流出量の算出に当たり，設計雨量強度は10年確率で想定される雨量強度とすることや，洪水調節池の設置について，洪水調整容量は30年確率で想定される雨量強度における開発中及び開発後のピーク流量を開発前のピーク流量以下まで調節できるものであること等が定められているが，大雨や短時間豪雨の頻度が増加していることからすれば，技術的基準の内容として緩やかに過ぎると考えられる。

この問題について，「太陽光発電に係る林地開発許可基準に関する検討会」では，排水施設の断面の設計雨量強度を10年確率「以上」とし，洪水調節池の設計雨量強度を地域の実情に応じて50年確率にできるとするなど，技術的基準をさらに厳格化する方向で検討がなされ，それに応じた改正がその後行われている[11]。当該検討の方向性そのものは適切であると考えられるが，技術的

11　太陽光発電に係る林地開発許可基準に関する検討会「太陽光発電に係る林地開発許可基準に関する検討会報告　中間とりまとめ」（令和4年6月）21～25頁。

基準の適否については，災害防止の見地からそれで十分であるのか，定期的に点検し続けることが必要である。

ウ　そもそも，現在の技術基準が，事務次官通知，長官通知等によって定められているというあり方自体，法律による行政の原理からすれば問題である。技術的基準は，各種通知ではなく，法律による委任を受けた政省令で定めるべきである（都市計画法33条2項，宅地造成規制法9条1項参照）。許可基準の細目を事務次官通知，長官通知等で定めようとする慣例は，改められるべきである。また，都市計画法33条3項，4項，5項などのように，地方自治体が基準を強化することができることを明示的に規定するべきである。

⑸ 開発計画遵守義務の規定及び撤回の明文規定の導入

申請書類に記載されていた防災施設設置計画が計画通りに行われない事例が各地で起こっているが，いずれの事例でも，許可の撤回や取消しは行われていない。

行政法学上，許可の規定があれば撤回は規定がなくても行えるはずだが，具体的な撤回の要件が法律で定められていないと，撤回の根拠が不十分などと訴訟で争われるリスクを恐れて，自治体による撤回の判断がなかなか行われないという問題がある。

このような問題に対応するために，意見書では，開発計画の提出・遵守を義務付けつつ，具体的な撤回（法令用語としては「取消」）に向けた要件を法律で定めることを求めている。

⑹ 住民参加の規定の導入

ア　森林法第10条の2第6項より，都道府県知事は，林地開発許可をしようとするときは，都道府県森林審議会及び関係市町村長の意見を聴かなければならないとされている。しかし，地域住民の意見を聴くことは要件とされておらず，地域住民の林地開発許可への関与を認める仕組みがない。

イ　しかし，上述の森林の持つ公益的機能と密接な利害関係を有している，森林の周辺に居住しあるいは活動している地域住民の意見を聴くことは，森林の公益的機能の実効的な保全のために必要である。そこで，意見書では，再エネ発電施設の設置に関して林地開発許可を行う際に，地域住民と事前協議を行うことを義務付けること，またその前提として，関連情報を地域住民に提供することについての規定を設けることを提案している。

(7) 保安林の指定解除における，専門家も入った第三者機関への諮問の義務付け

ア　近年，保安林に多く指定されている国有林を貸し付ける大規模風力発電事業の計画が，北海道や東北等で次々と公表されている。しかし，保安林は，水源のかん養，土砂の流出防止等の森林の公益的機能を保全するために指定され，開発行為等が特に規制されている場所である。

このため，たとえ再エネ開発の目的であっても，保安林指定は容易に解除されるべきではなく，慎重な審査が必要であることから，保安林の指定解除について，森林法第25条ないし第26条の2を改正して第三者機関への諮問の義務付けを行うべきとの提案を行っている。

イ　なお，大規模風力発電事業では，巨大な風車の建設のために新設・拡幅される道路建設による森林破壊も大規模なものになることに注意が必要である。

数十基の風車をつなぐ道路の建設・拡幅は，自然生態系への脅威となるだけでなく，災害防止の観点からも看過できない。それにもかかわらず，当該道路建設が保安林指定解除よりも緩い作業許可で認められる例が確認されている。

しかしながら，作業許可は保安林の維持管理のための制度であるため，大規模風力発電事業の道路建設に作業許可を用いるのはそもそも制度趣旨に反している。また，林野庁の「保安林の指定解除事務等マニュアル（風力編）」38頁以下によれば，車両幅員4メートル以下で，他者にも開放する道路については，保安林の指定解除ではなく，保安林内の作業許可で足りるとされている。それにも関わらず，現実には大規模風力発電の建設のための道路の車両幅員が4メートルを超えることがほとんどであり，作業許可によって道路建設を行うのはこの点からも認めがたい。

このため，道路と風車を建設するヤードとを一体のものとした上で，上述のような慎重な審査に基づく保安林指定解除を検討すべきであり，作業許可では足りないものとすべきである。

(8) 規模要件について

現行の森林法において，開発対象の土地面積が1ヘクタール以下である場合には，林地開発許可の対象とならない。この点に関して，現在，より小規模の開発を林地開発許可の対象とする方向で検討がなされており[12]，当該検討は適切と考えられる。

しかし，小規模の開発の場合であっても，地域の実情に応じて各自治体が条例で規制内容を決定することが望ましいところである。このため，そのように各自治体が地域の実情に応じて条例で規制内容を決定できることについて，周知を行うことがさらに必要である。

3　環境影響評価法の改正に関する提案

(1) 2019年の環境影響評価法施行令改正により，環境影響評価の対象事業に太陽光発電が追加された。この政令改正の趣旨は，太陽光発電施設の拡大から，土砂流出，濁水の発生，景観への影響，反射光，自然環境への影響，動植物の生息・生育環境の悪化などの問題が生じていることから，既に環境影響評価法で対象となっている事業と同程度以上に環境影響が著しいと考えられる大規模な事業については環境アセスメントの対象事業とするものである。

しかし，この政令改正に関する答申（「太陽光発電事業に係る環境影響評価の在り方について（答申）」）では，太陽光発電事業推進の意図が強く示されており，そのことが，太陽光発電について，環境保全の観点が十分に考慮されない環境影響評価が行われる要因となっていると考えられる。

また，風力発電については，従前から環境影響評価の対象事業に含まれていたが，2020年以降に開催された，国の「再生可能エネルギー等に関する規制等の総点検タスクフォース」での議論に基づき，環境影響評価の要件を緩和することで生じ得る環境への影響については何ら検討がなされないまま環境影響評価法施行令の改正が行われた。この改正により，7500キロワット以上3万7500キロワット未満の風力発電所が環境影響評価法の対象外となり，環境影響評価法の対象となる風力発電所の規模要件が緩和されてしまった。

以上のように，太陽光・風力発電事業の環境影響評価において，環境の保全についての適正な配慮が十分に行われておらず，「事業に係る環境の保全について適正な配慮がなされることを確保」するという環境影響評価法の目的（同法1条）が後退しているという問題があることを踏まえ，今回の意見書において，環境影響評価法の改正に関する提言を行っている。

12　太陽光発電に係る林地開発許可基準に関する検討会「太陽光発電に係る林地開発許可基準に関する検討会報告　中間とりまとめ」（令和4年6月）8，12，16頁。

(2) 配慮書の作成及び代替案の検討の必要性

2011 年 4 月の環境影響評価法の改正により導入された計画段階配慮制度により，作成が必要となった計画段階配慮書の中では，再エネ発電施設について，省令で，事業の規模や位置に関する代替案の検討が義務付けられており，また，事業を実施しないゼロ・オプション案の検討も努力義務とされている。

しかし，事業実施区域をただ広めに設定しただけのことを「複数案の検討」として，代替案の具体的内容を不明確にしたり，ゼロオプションの検討を非現実として検討しなかったりするなど，実際には，代替案やゼロ・オプションの検討は十分に行われていない事例が多く見られる状況にある。複数案として具体的な案が提案されなければ，住民や専門家，自治体が意見を検討するための情報が提供されないという弊害が生じるところである。また，エネルギー自給率向上のためならばゼロ・オプションの検討は非現実的として，環境負荷が高くとも発電所は設置するという態度は，運用指針である「計画段階配慮手続きにかかる技術ガイド」で示されている「事業実施ありき」であってはならないとの戒めを無視しており，それ自体問題である。

このため，意見書において，再エネ発電事業に関する環境アセスメントについて，配慮書作成の際に，ゼロオプションを含めた代替案の検討の義務付けを行うことを提案している。

(3) 風力発電の規模要件を元に戻す必要性

上述の通り，この改正は国のタスクフォースの議論に基づき行われているが，タスクフォース内の議論では，環境影響評価の要件を緩和することで生じる環境への影響についての十分な検討が行われていない。このため，十分な根拠に基づかずに行われた改正と考えられることから，意見書では，環境影響評価法施行令改正前の 7500 キロワット以上の規定に戻すべきとの提案を行っている。

(4) 温対法の促進区域設定に関する提案

地球温暖化対策の推進に関する法律（以下，「温対法」という。）の改正で導入された促進区域の設定の際に，住民との情報共有を十分に行った上で住民参加の機会を設けることと，適正な環境影響評価を義務付けるべきという提案を，意見書では行っている。

温対法に基づく促進区域の設定がされた場合，同区域内の再エネ発電事業について，計画段階配慮書の手続きが省略できることになっている。しかし，この促進区域の設定について，現状では適正な環境影響評価や住民参加の手続を経ることなどが義務付けられておらず，そのような状態で促進区域における配慮書の手続を省略することは環境保全の観点から問題がある。そこで，設定時に住民参加や適正な環境評価を行うことを求める提案を行っている。

(5) アセス逃れ対策

ア　実質的には一体の再生可能エネルギー事業を，複数の小規模の事業に分けて計画することで環境影響評価法の対象外の事業としようとする，いわゆるアセス逃れが生じないようにするために，環境影響評価の対象事業の基準を見直し，より明確にすることを検討すべきという提案を，意見書では行っている。

イ　この点に関し，国も一定の基準を設けてアセス逃れを防止しようとしている。経済産業省産業保安グループ電力安全課長，環境省大臣官房環境影響評価課長が2021年9月28日に示した「太陽電池発電所・風力発電所における環境影響評価法及び電気事業法に基づく環境影響評価における一連性の考え方について」によれば，環境影響評価法上の「事業の一連性」について，①同一構内又は近接性，②管理の一体性，③設備の結合性の各要素を踏まえ，「同一発電所」とみなされるか否かを判断し，その上で「同一工事」の条件に合致するかを検討するとのことである。しかし，当該基準は複雑であり，具体的にどのような場合にアセス逃れと判断されるのかが不明確と考えられる。

ウ　アセス逃れ対策について，日弁連はかつて2008年11月18日付け「環境影響評価法改正に係る第一次意見書」において，環境影響評価制度に関するアメリカの法律であるNEPA（National Environmental Policy Act）の解釈適用ルールを定めたいわゆるCEQ規則の規定を踏まえ，事業の実施時期や事業規模などの意図的な操作による環境アセスメント逃れに対する脱法禁止規定を設けるべきであるとして，アセス逃れに対する脱法禁止規定を設けることを提案していたところである。

現在の問題状況を踏まえて，アセス逃れへの対策がより有効に機能するように，アセス逃れの基準の見直しと明確化について，今回改めて意見書の中で提案している。

(6) 環境影響評価図書の公表・縦覧方法の是正の必要性

現在行われている，環境影響評価図書のインターネット上の公表や縦覧は，膨大な分量であるにもかかわらず，ダウンロードやプリントアウトができないようになっていることが多い状況である。しかも，環境影響評価図書の公表・縦覧期間が短期間ですぐに見られなくなるという問題もある。

そこで，市民が環境影響評価手続の中で十分に意見を述べられるようにする前提として，環境影響評価図書の検証を十分に行えるようにするために，環境影響評価図書を期間の限定をせずに確認できるようにし，またダウンロードやプリントアウトもできるようにすべきという提案を，意見書では行っている。

4　再エネ特措法（FIT 法）に関する改正提言

(1) FIT 法の制定及び現在までの運用状況

ア　2011 年 8 月に制定された再エネ特措法は，太陽光，風力，水力，地熱，バイオマスのいずれかを使い，法律の定める要件を満たした者の発電する電気を，電力会社が一定価格で一定期間買取る FIT 制度を導入した。

同法は，電力会社が買い取る費用の一部に充てるため，電気の使用者から賦課金（以下,「再エネ賦課金」という。）として集めることも定めており，国民の負担のもと，再生可能エネルギーの導入を進めていくという枠組みとなっている。

イ　毎年，経済産業大臣が，再生可能エネルギーの導入量の推測に基づき，再エネ賦課金の単価を決めることことなっているが，再エネ特措法制定時（2012 年度）は 0.22円/kWh だったものが，2022 年度は 3.45円/kWh まで単価が上昇しており，複数人の世帯では，世帯当たりの負担額が年間 1 万円を超える状況となっている[13]。

なお，2022 年度より，再生可能エネルギー発電事業者の投資予見可能性を確保しつつ，市場を意識した行動を促すため，市場価格を踏まえて一定のプレミアムを交付する制度（Feed-in Premium, FIP 制度）が一部の事業に導入された。

ウ　FIT 制度の導入当初，高額に設定された固定買取価格の影響もあり，再エネ導入量は一気に増加した。一方で，利益を優先した開発が行われ，事故等の問題や違法・脱法行為が相次ぎ，地域住民との間でトラブルが生じるようになった。

13　経済産業省 2012 年 6 月 18 日発表，及び 2022 年 3 月 25 日発表。後者について，https://www.meti.go.jp/press/2021/03/20220325006/20220325006.html

このため，対策として数次にわたる法令改正や運用基準の強化が行われた。具体的には，2014年の省令改正 による「設備分割の禁止」措置，2016年の法改正による運転開始期限の設定や未稼働案件の失効，土地の確保や関係法令遵守を認定の要件とする再生可能エネルギー発電事業計画認定制度の導入，2020年の法改正による解体等積立金制度の創設，認定計画の実施状況に関する情報の公表等の実施，及び2021年8月から実施された，発電設備の立地する自治体に限り，認定申請があった段階で事業者名，設置場所等の法令遵守状況の確認のために必要な限度の情報提供，及び2022年の法改正による，認定後一定期間内に運転を開始しない場合に認定が失効する認定失効制度の導入等である。

それにもかかわらず，再エネ開発事業に対する地域住民とのトラブルが問題となるケースが多くあり，太陽光発電所の事故件数も急増している。また，トラブルが増加しているにもかかわらず，これまでFIT認定の取消しが公表された事案はほとんどなく，今もなお対応は十分とはいえない。

エ　このような状況から，上述の通り，現在「脱炭素社会の実現に向けた電気供給体制の確立を図るための電気事業法等の一部を改正する法律案」が閣議決定され，地域と共生した再エネ導入のための事業規律強化を目的として，①関係法令等の違反事業者に対して，交付金による支援額の積立てを命ずる措置の創設，②違反が解消されない場合の支援額の返還命令，③再生可能エネルギー発電事業計画の認定要件に，事業内容を周辺地域に対して事前周知することの追加，④委託先事業者に対する監督義務の追加，といった内容でFIT法を改正することが，現在国会で検討されている。

(2) 再生可能エネルギー開発と，自然環境保全や地域住民の生活保全との両立の趣旨を規定する必要性

再生可能エネルギーによる開発を適正に規制する制度を整える前提として，再生可能エネルギー開発と，自然環境保全や地域住民の生活保全との両立について，再エネ特措法への記載が必要である。したがって，当該記載の必要性を意見書では述べている。

(3) FIT認定IDと発電設備の転売規制

FIT制度導入当初，FITの認定ID（固定価格買取制度の事業計画認定を受けたID）が高額で転売され，乱開発の原因となった。その後，再エネ事業計画認定制度の導入により，発電事業者の変更は認定が必要になったが，発電事業者を

変更しても初期の高い買取価格がそのまま引き継がれるため，認定ID等の高値での売買は現在も継続している。

次世代のために地域と共生できるエネルギー開発を進めるためには，原則として開発当初から，売電が終了して施設の撤去が行われるまで，責任ある主体が事業を進めていくことが不可欠である。それに，再エネ設備で発電された電力の高額な買取りは国民からの賦課金で担われていることからしても，利益を優先して乱開発や違法・脱法行為を行うような事業者の参入を防ぐ必要がある。

そこで，意見書では，自然環境や地域住民の生活環境への著しい影響が予測される一定の規模の再生エネ発電施設については，FIT認定IDや発電設備の転売に資格要件を設ける等の規制を行うべきことを提案している。

(4) FIT認定の申請についての，地域住民に対する申請段階からの情報開示の必要性

現在，立地自治体には再エネ特措法に基づく認定申請情報が共有されるようになったが，地域住民に対しては共有されていない。このため地域住民は，着工が近くなるまで計画があることを知ることができず，そのことがトラブルや被害をより深刻化している。

そこで，そのような事態を防ぐため，意見書では，すべての再エネ発電施設について，FIT認定の申請段階から地域住民への情報開示が行われるべきことを提案している。

(5) 違法・脱法行為に対する，厳格な対応の必要性

再エネ特措法が，条例を含む関係法令遵守を認定計画の要件にしているにもかかわらず，発電事業者による違法・脱法行為が後を絶たない状況にある。それにもかかわらず，関係法令不遵守による認定取消しの公表事例は2019年3月6日の1件，及び2023年1月31日の2件（うち1件は取り消し前に廃業）[14]しかないようであり，現在の運用ではいまだ違法行為を十分に抑止できていないと考えられる。

このため，意見書では，違法・脱法行為に対しては，早期の適切な指導や是正命令の発令，認定取消しも含めた厳しい対応を行うべきことを提案している。

---

14 https://www.enecho.meti.go.jp/category/saving_and_new/saiene/kaitori/dl/announce/20230131.pdf

5　公害紛争処理法の改正等による，再エネ事業に関する紛争予防・解決制度の導入

(1) 再エネ事業を持続的に発展させていく上で，再エネ施設をめぐる地元住民らとの間の紛争を防ぎ，また，現実に起きている紛争を解決することは不可欠である。例えば，ドイツでは，陸上風力発電をめぐる紛争を予防・解決するため，専門家チームを現地に派遣する仕組みが設けられている[15]。現地に派遣された専門家は，事業者が行う説明会の場に同席して意見を述べる，住民と事業者との間の協議も媒介するなどの取組を通じて，事業に関する合意の形成に貢献している。こうした取組は，紛争のエスカレートを防ぐだけでなく，事業による影響を最小化することにもつながっている。

(2) この点につき，公害紛争処理法では，いわゆる典型７公害（大気汚染，水質汚濁，土壌汚染，騒音，振動，地盤沈下及び悪臭）に関する紛争について，あっせん，調停，仲裁及び裁定の申立て（公害紛争処理法第２条，第３条）等の紛争解決手段（公害紛争処理制度）が定められている。メガソーラーや大規模風力発電所においても，事例によっては土砂が河川に流入する事例で水質汚濁を問題としたり，あるいは風力に関する低周波音を問題にすることで，現行法下でも公害紛争処理制度による解決を図れる場合があり得るが，典型７公害に該当しない事例では公害紛争処理制度を活用できない状況にある。

これを踏まえ，意見書では，再エネ事業による紛争について，典型７公害に関しないものであっても，公害紛争処理法の対象とするなどして，中立的な専門家が関与して，地域住民との紛争を予防・解決する制度を導入すべきことを提案している。[16] こうした仕組みは，後述の自治体がゾーニングを行う際にも活用が期待される。

15　連邦環境省の主導で設立された「自然保護とエネルギーヴェンデの専門センター」（Kompetenzzentrum Naturschutz und Energiewende（KNE）2016年７月設立），バーデン・ビュルテンブルク州政府が設置した「フォーラム・エネルギーダイアログ」（Forum EnergieDialog 2016年設置）等が知られている。前者はミヒャエル・オットー環境財団が運営しており，知識の伝達，助言，対話の実現，広報という４つの役割を果たすことを目的にしている。後者は地方自治体向けの支援を主眼にしている。

16　日弁連は，「公害紛争処理制度の改革を求める意見書」（2020年２月21日）において，意見の理由３（2）で対象公害以外の環境紛争の深刻化の事例としてメガソーラーを取り上げている。そこでも，環境基本法の典型７公害のみならず環境紛争の全般を公害紛争処理法の対象とすべきとしており，本意見書と同様の趣旨の提言を行っている。

6 地域に資する再生可能エネルギー事業を実現するための新制度の導入の提案

現在の大型再エネ事業の大半は，地元とは無縁の企業が行っており，地元自治体や地元住民への恩恵はほとんどない。こうした資源収奪型の事業構造を転換しない限り，再エネ事業についての地元の理解を得ることは困難である。

そこで，地域に資する再エネ事業を実現するため，地元自治体に対して売電収益の一定割合を支払ったり，地元自治体や住民による出資の機会を保証したりするなど，再エネ事業の経済的利益を地域に還元することを必須とする制度を導入すべきことを，意見書で提案している

7 条例による再エネ開発に対する対応の必要性

(1) 地方自治体は，森林等の著しい開発行為を規制するために，条例制定等による対応を積極的に検討すべきであること

ア メガソーラーの問題が起きる森林や原野等において，大規模開発等を規制する包括的な自然保護の法律が，日本には存在しない。

このため，地方自治体は，森林や原野等における大規模開発等を規制するため，地域の実情に応じた条例による積極的な対応を検討するべきである。

イ このような開発規制条例を制定するについては，森林法などが規制対象とする森林についても規制するものであるために，森林法などの法律との抵触が懸念されるかもしれない。

しかし，徳島市公安条例の最高裁判決（最大判昭和50年9月10日刑集29巻8号489頁）は，古典的法律先占論（法律が明示的又は黙示的に対象としている事項については，法律の明示的委任なしに同一目的の条例を制定しえないとする見解）を否定し，法律と条例で対象が重複していても，①趣旨・目的が異なる場合であって，法律の目的効果を阻害しない場合，②趣旨・目的が重複しても，全国的に一律に同一内容の規制を施す趣旨ではなく，それぞれの普通地方公共団体において，その地方の実情に応じて別段の規制を施すことを容認する趣旨である場合は，国の法令と条例との間に矛盾抵触はなく，条例は国の法令に違反する問題は生じないとした。

その後，1999年の地方分権一括法によって地方自治法が改正され，機関委任事務はなくなり，地方自治体が行う事務のすべてについて条例を制定できるとされた（地方自治法第14条第1項。従来は機関委任事務については法律に委任規

定がない限り条例制定ができないとされていた。)。また，地方自治体と国の権限分配において，「国は，（中略）住民に身近な行政はできる限り地方公共団体にゆだねることを基本として，地方公共団体との間で適切に役割を分担するとともに，地方公共団体に関する制度の策定及び施策の実施に当たつて，地方公共団体の自主性及び自立性が十分に発揮されるようにしなければならない。」（地方自治法第1条の2）とされた。また，同法第2条第11項や第2条第13項の規定が定められた。以上からして，趣旨・目的が重複する場合の法令の趣旨の解釈に当たっては，地域の実情に応じた規制が必要な限りは，それを許容する趣旨とするのが原則となったと解されている[17]。

したがって，条例によって，①森林法の規制目的と異なる趣旨目的で規制すること，②保全地域を定めるなど森林法より厳格な規制をすること，③自然環境保全法の規制対象地域となっていない地域について規制をすること，あるいは④森林法で林地開発許可の対象とされていない規模の面積の事業について規制をすること等は，森林法その他の法律がそれを明示的に否定していない以上，可能である。そこで，そのような形で，地域の実情に応じて積極的に条例で規制を行うことを，意見書では提案している。

ウ　ただし，注意点として，紀伊長島町水道水源保護条例の最高裁判決より，条例制定時に規制対象となり得るような事業者がいることを認識していた場合には，自治体から事業者に十分な協議や指導を尽くすなどして配慮を行う必要がある。

また，市町村の全域について同一内容で規制してしまうと，規制の必要性・合理性が否定されるおそれがある。したがって，保全の必要性の高い地域を定めつつ，その地域について，許可制等の厳格な規制をすることが，過度に広範な規制を防ぎ，その規制の必要性・合理性を裏付ける関係で重要である。

⑵ 条例によるゾーニング対応を行うべきこと

ア　地方自治体は，再エネ発電施設の建設による問題に対応しつつ，再エネ

17　山形県遊佐町で2013年に制定された遊佐町の健全な水循環を保全するための条例が自然環境保全法に抵触するかどうかが問題とされた事例（実際に問題となった規制対象は採石事業である。）について，裁判所は，「自然環境保全法は（中略）地方公共団体がその保全のために別段の規制を行うことを許容する」とし，具体的な規制内容も検討して，条例は，自然環境保全法に反しないと判断している（仙台高判令和2年12月15日・判例地方自治485号69頁，この判断は，その後最高裁でも維持されている（最判令和4年1月25日判例地方自治485号49頁)。

事業の持続的な発展を実現するために，再エネ発電を導入すべきでない場所（保全地区）と導入できる場所（促進区域）を明確にするための区域指定の取組み（いわゆるゾーニング）を，条例の制定等によって積極的に検討すべきことを，意見書では提案している。

再エネは地元の資源であり，地元自治体が主体的にその活用を図るべきものである。ところが，現行制度のもとでは，施設の設置場所の選定が事業者に委ねられており，自治体が立地の選択に関与する場面は非常に限られている。こうした地元不在の構図が地域住民との間の紛争の大きな要因の一つになっている。今後，再エネ施設の設置が進めば，地元住民や自然環境・景観との間の軋轢はますます拡大すると予想されるが，そのなかで再エネ事業の持続的な発展を図っていくためには，自治体が再エネ資源の適正な活用を図るうえで主体的な役割を果たす制度を整えることが不可欠である。その中でも，再エネ施設の設置による地元住民との紛争を防止しつつ，再エネ事業の持続的な発展を図っていくためには，地元自治体が再エネ施設の設置場所を選定するためのゾーニング制度の導入が急務である。

ゾーニング制度は，再エネ事業者にとっても，事業の見通しを確保することにつながり，事業者側にもメリットがある。なお，対象となる施設は，施設の規模及び設置の場所によって絞り込むことが考えられる。

イ　条例によるゾーニング制度を実施する際の留意点としては，再生可能エネルギー事業の持続的な発展を実現するという趣旨から，以下の３点が考えられる。

（ア）第１は，ゾーニングによって確保すべき事業用地の面積を明示する必要があることである。

深刻さを増す気候変動問題に対処するためには，再生可能エネルギー事業をこれまで以上のペースで拡大していくことが不可欠である。そのために，まず国が将来的な導入目標を定めると同時に，再エネの種類別に各都道府県で達成すべき導入量を明確にすることが必要である。そして，地方自治体が行うゾーニングでは，こうした導入量を達成するために必要な事業用地を確保することを求めるべきである。

（イ）第２に，ゾーニングの自由度を高める必要があることである。

放置されたままの農地等の土地が増加する現状で，地方自治体が再エネ施設の立地をコントロールしつつ，これらの土地を再エネ事業に生かしていくことは，農業や林業の衰退をめぐる問題を解決していくという観点でも重要である。そこで，地方自治体がゾーニングによって事業用地を指定する場合は，農地等に関する全国一律の規制を緩和し，地方自治体が地域の実情に応じた土地の活用を図ることを可能とすべきである。

（ウ）第3に，ゾーニングによる区域指定を行う際に，情報公開，市民参加の手続を経る必要があることである。

ゾーニングによる区域指定を行う上で，地域住民の生活環境や自然環境に対する影響の可能性，災害の危険性等についての検討を十分に行いつつ，指定内容について利害関係者の理解を得るためには，区域指定を行う前に，区域指定の定め方や区域指定の範囲等についての情報公開を行った上で，市民参加の機会も設けて検討を行うべきである。

ウ　ゾーニング条例で規定すべき内容

（ア）基準の策定

地域の実情に合わせた土砂災害防止等のための基準設定は，各地方自治体の権限として独自に定められるところである。

（イ）保全地区の指定

市町村の全域について同一内容で規制するのではなく，保全の必要性の高い地域を定め，その地域について，許可制等の厳格な規制をすることが，過度に広範な規制を防ぎ，その規制の必要性・合理性を裏付ける関係で重要である。

保全の必要性の高い地域の指定に当たっては，必要性と相当性が担保されるように審議会等の専門的第三者機関からの意見聴取を義務付けることも必要である。

例として，足利市自然環境，景観等と再生可能エネルギー発電設備設置事業との調和に関する条例（以下「足利市太陽光発電条例[18]」という）を挙げる。同条例は，第一に，土砂災害特別警戒区域（土砂災害防止法），宅地造成工事規制区域（宅地造成等規制法），砂防指定地（砂防法），河川区域・河川保全区域（河川法），風致地区（都市計画法），鳥獣保護区・特別保護地区（鳥獣保護法），史跡，名勝，天然記念物，登録記念物（文化財保護法）など，都道府県立自然公園（自然公園法）など既存の法令ですでに指定されている区域を対象とする（同条例9条1項）。

18　https://www.city.ashikaga.tochigi.jp/page/saiseikanouenegry.html

その上で，「ア　自然環境が良好で，自然環境を保全することが特に必要と認められる地区」「イ　歴史的特色を有し，自然環境を保全することが特に必要と認められる地区」「ウ　景観を保全することが特に必要と認められる地区」「エ　災害危険性が高く，造成工事を制限する必要があると認められる地区」「オ　住宅の静謐を保持することが特に必要と認められる地区」のうち，市長が指定する地区を，保全地区とし，保全地区でのメガソーラー設置を許可なくしてできないとしている（同条例16条）。また，市長の指定にあたっては，審議会の意見を聞くことが義務付けられている（同条例9条2項）。

現実の問題状況をみると，土砂災害防止が主要な課題の第一であり，こうした地域指定を土砂災害の発生する恐れのある地域としている条例も見られる（例としては，岡山県太陽光発電施設の安全な導入を促進する条例[19]がある）。

他方，効率的な太陽光発電が可能ということで，山頂や山の中腹への設置が多く見られる。それらの多くが土砂災害の危険を増大させる可能性は高いが，土砂災害警戒区域などを指定する土砂災害防止法は，住民等の生命又は身体に危害が生ずるおそれを基礎としているため，山頂や山の中腹などの全てが土砂災害警戒区域に定められるわけではない。そこで，それ以外に，自然環境保全の必要性が高い地域や景観上重要な地域等にも指定できる方策を考えておく必要があると考えられる。

（ウ）促進区域の指定

地方自治体は，再生可能エネルギー開発と自然環境保全や地域住民の生活保全との両立を図るために，保全地区とともに再生可能エネルギー発電施設の設置を促進する区域も定める必要がある。

（エ）事業者と地方自治体・住民の事前協議規定

許可あるいは届出に当たり，事業者に対する手続保障と周辺住民の参加手続の保障の両方が必要である。このため，条例には，事業者と地方自治体，事業者と住民のいずれについても事前協議の実施を定める規定が設けられることが望ましい。

（オ）実効性確保措置

条例の定めを履行させるためには，報告徴収や立入調査の権限を定めることが必要となる。さらに，悪質な対応に備え，許可の取消の手続を定めることや

19　http://www.rilg.or.jp/htdocs/img/reiki/PDF/5/262646.pdf

勧告・命令の手続を定めることが重要である。また，行政代執行の手続を条例上定めておくことも重要である。

（カ）法改正の提言でも述べたように，再エネ事業の経済的利益を地域に還元することが重要であり，条例でもその点が定められるべきである。

第3章

メガソーラー及び大規模風力による各地の問題状況

1 山梨県における持続可能な地域づくりのための太陽光条例制定とその対応状況について

長崎幸太郎
（山梨県知事）

1　山梨県のカーボンニュートラルに向けた取り組み

まずはイントロダクションとして，本県におけるカーボンニュートラルに向けた取り組みについて触れたいと思います。

気候変動の要因とされている温室効果ガスの排出量を削減するため化石燃料への依存を減らす必要があることについては，論を待たないところです。

そのような中で，本県は，全国に先駆けて平成21年に「CO_2ゼロやまなし」を宣言し，再生可能エネルギーの導入促進などを進めて参りました。

本県は，県土面積の約8割を森林が占めるとともに，全国トップクラスの日照時間に恵まれるなど豊かな自然環境を有しており，この特性を活用し，太陽光，小水力及び木質バイオマスなどの自然エネルギーを生かした取り組みを推進しているところです。

令和2年10月，菅総理大臣が2050年カーボンニュートラルを宣言して以降，国内外で脱炭素の動きが急加速する中，今後は自然エネルギーを生かした県の施策を更に深化させ，県民や事業者の皆様の率先した取り組みにつなげていくことが重要となります。

太陽光発電，特に住宅などの屋根置きパネルは，災害時にも活用可能な自立電源であり，県内全世帯の年間消費電力量を上回る大きな発電ポテンシャルを有していることから，スケールメリットにより設置費を軽減できる共同購入事業や，第三者所有方式いわゆる0円ソーラーによる設置を進めるとともに，事業者向けやさらには一般家庭向けの助成制度を設け，費用負担の軽減を図りながら導入を促進してきました。

一方，いわゆる野立ての施設に関しては，この後に述べますが，条例による設置の適正化を進めているところです。

小水力発電については，本県の豊かな水資源を活用するため，県が調査した有望地点をマップ化して情報提供するとともに，特に森林の半分近くを占める県有林を活用した事業スキームを地域貢献等も盛り込んでルール化し，積極的な事業者の参入を呼びかけています。

森林資源を生かした木質バイオマスについては，未利用間伐材等の有効活用に向けた安定供給体制の整備や資源の有効活用による林業の収益性の向上を図るため，その燃料利用に対して，未利用木材の運搬費用の助成など，促進に向けた支援を行っています。

そして，水素エネルギーについては，本県は民間企業と共同で，太陽光発電などの再生可能エネルギー由来の電力と水から作り出す水素，いわゆるグリーン水素を高効率で高速に製造することができるP2G（ピーツージー）システムの開発に取り組んでいます。

令和3年からは，甲府市にある米倉（こめくら）山に設置したシステムで製造したグリーン水素を県内の工場などへ輸送し利用する社会実証を始めています。

また，P2Gシステムを設置する工場等が消費しきれない余剰分の水素を周辺へ融通することで，水素利活用を面的に進めることが可能となるよう，規模が大きい県内の工場等の周辺で水素の利用が可能な事業所や需要を調査し地域的な水素利活用モデルの構築を進めています。

水素エネルギーは，再エネの主力電源化に向けた扉を開く「カギ」であり，今後は，このP2Gシステム自体を国内外へ広く展開すべく，取り組みを強化しています。

こうした地域脱炭素に向けた本県の取り組みについて，今後も注目いただきたいと思います。

2　条例による太陽光発電施設の適正な設置と維持管理の推進

(1)　条例制定に至る課題と背景

次に，条例による太陽光発電施設の適正な設置と維持管理の推進について述べて参ります。

はじめに，条例制定に至る課題と背景についてです。

平成24年7月の固定価格買取制度の創設を機に日照時間に恵まれた本県で

は，太陽光発電施設の設置が急増しました。それに伴い，森林伐採や環境破壊につながる太陽光発電施設や近隣住民に災害発生の不安を抱かせる事例が多発し，安全性や環境，景観などをめぐり設置事業者と住民との間にトラブルとなる状況が県内各地で発生しました。

森林法の林地開発許可を意図的に免れるよう開発面積を設定した上で，民家すぐ近くの森林が伐採され，急斜面に発電施設が設置された事例や，甲府市内の甲斐善光寺の参道から見える位置の山腹にパネルがむき出しになっている施設が設置され，景観を阻害している事例などです。

こうした事例により，森林伐採に伴う災害防止機能の低下，太陽光パネルの反射光による住環境の悪化，景観の阻害など地域環境に影響を与える問題が顕在化しました。

このような状況を踏まえ，本県では平成27年に「太陽光発電施設の適正導入ガイドライン」を策定しました。

太陽光発電事業は20年以上の長期に及ぶことから，この間の施設の安全管理や非常時の対処，事業終了後の撤去処分などについて，住民の意向を踏まえた適切な対応がなされることが重要です。県では，ガイドラインに基づき，事業概要書の提出を求め，設置を避けるべきエリアを具体的に示すとともに，地域の方々と十分に意思疎通を図り，信頼を得るよう事業者に対して指導してきました。

しかし，設置を避けるべきエリアにおいて，森林法等の関係法令の適用基準以下に開発面積を縮小して規制を逃れようとする事業者などの中には，県の指導に応じようとしない者もあり，強制力のないガイドラインによる指導では限界が明らかになりました。

また，「電気事業者による再生可能エネルギー電気の調達に関する特別措置法（FIT法）」の改正による固定価格買取制度の見直しにより，令和4年度から一定期間内に稼働しないと取得したFIT認定が失効となる制度が導入されることに伴い，駆け込み的な建設の急増が想定される中，利益優先の事業者が着工を急ぐあまり，地域の声をおざなりにする傾向が強まることが懸念される事態となりました。

全国的に施設の事故事例が増加傾向となる中，県内には既に1万件以上の施設が稼働しており，近年増加する自然災害への対応も図りつつ，地域に根ざした安定的な事業運営が行われるよう，適切な維持管理について指導の徹底を図ることが重要となったところです。

このため，令和２年８月，ガイドライン策定から５年を経過したことを踏まえ，有識者による会議を設置し，それまでの指導の効果や課題の検証を行うとともに，条例による規制など，より実効性のある事業者指導の在り方について議論を重ねました。

具体的には，設置を規制する区域とそれ以外を明確に分けて，メリハリの効いた形での対策を講じるというようなこと。さらには，小規模な施設であっても規制対象となる区域への設置は厳しく規制すべきであるということです。有識者会議では，土砂災害警戒区域など，ガイドライン上の設置を避けるべきエリアにも施設が建設されている状況等を踏まえ，森林伐採を伴う山間部や傾斜地等の災害発生リスクの高いエリアについては，条例で設置を規制すべきとの意見をいただきました。また，近年，県内外を問わず，豪雨や暴風等により太陽光発電施設が被災する事例が報告されていることから，既存施設を含め，適切な維持管理が図られるよう，条例化を強く求める意見が出されました。

さらに，施設の建設計画が進んでいる地域等の方々からは，県に対して，事業者の地域と向き合う姿勢が十分ではなく，安全性や周辺環境への影響など地域としての不安が払しょくできないため，やはりガイドラインより強い対応，条例の制定を求める声が寄せられていました。

こうした中，令和２年11月には「太陽光発電設備の適正化に関する山梨県議会議員連盟」から，施設の適正な導入と維持管理を行わせるための条例制定を求める提言をいただきました。

このような状況を踏まえ，私自身，複数の施設が大規模に集積した県内で最大規模の太陽光発電施設の状況やメガソーラー建設予定地を視察して，本来，環境を守るための再生可能エネルギーが環境を脅かしている現状等を目の当たりにし，環境との調和や安全性の確保など，地域の方々の思いがしっかり反映される仕組みの必要性を痛感したところです。

県内にある太陽光発電施設は，森林を伐採して建設するなど，自然を破壊しているものが多く目につきました。これは，大いなる矛盾です。山間部には水源があり，その水に悪影響を及ぼすことが懸念されるほか，土砂災害を引き起こす危険性もあります。このようになった主な原因として，太陽光発電が金融商品化し，事業者が責任を持った運営管理に取り組むという意識が希薄になったことが考えられます。県としては，太陽光発電が自然環境の保全に役立ち，地域と共存共生できるようになってもらう必要があります。

これらのことを踏まえ，これ以上無秩序な開発により環境を破壊し，土砂災害などを引き起こすことがないよう，条例による太陽光発電施設の規制を決断しました。

条例化の検討に当たっては，県議会からいただいた政策提言を十分に踏まえて，具体的な制度設計について検討を行い，有識者による検討会議や市町村からも意見を伺う中で，事業者が地域と真摯に向き合い，地域の声が適切に反映される仕組みについて，検討を進めていきました。

令和３年３月に条例素案を取りまとめ，翌４月にパブリックコメントを実施したところ，県民の皆様から200件近くのご意見が寄せられ，県民の太陽光発電施設に対する関心の高さを改めて実感しました。パブリックコメントによる県民意見をできる限り反映することにより，いわば「山梨県の総意」たる条例案となるよう心がけました。

そして，令和３年６月の山梨県議会定例会に条例案を上程し可決され，翌７月に「山梨県太陽光発電施設の適正な設置及び維持管理に関する条例」が制定されたのです。

(2)　条例の概要

条例は，太陽光発電施設の設置段階にとどまらず稼働中の維持管理から廃止に至るまでを通じ，事業者に適切な対応を求める全国的にも類を見ないものとなっています。

地球温暖化の防止，山地災害の防止，生物の多様性の保全等に重要な役割を果たしている森林が県土の多くを占める本県において，太陽光発電事業の実施が自然環境，生活環境及び景観その他の地域環境に与える影響に鑑み，地域環境を保全し，災害の発生を防止するために適切に実施されるべき必要な事項を定め，地域との共生を図り，県民の安全で安心な生活の確保を図ることを目的としています。

太陽光発電事業は，地域に根ざし，県民の安全で安心な生活と豊かな自然環境，生活環境及び景観その他の地域環境との調和を図りながら安定的に運営されるものでなければならないという考えのもと，設置から稼働，廃止に至るまでの一連の事業において，災害発生リスクや地域環境に影響を与えることなく，地域に受け入れられ，理解を得て事業を実施していくことを基本理念としています。

この条例により，県内各地において地域と共生した太陽光発電施設が広がっていく，そうした理想的な姿を実現していきたいと考えています。

こうした理想の実現に向けては，地域の合意形成が重要となるため，事業者の責務の一つとして，地域住民に十分な情報提供や説明を行い，事業実施への理解を求め，地域住民との良好な関係を築くよう努める旨を定めています。併せて，事業者には，太陽光発電事業の実施に当たり，自然環境，生活環境及び景観その他の地域環境を保全し，又は災害の発生を防止するために必要な措置を講じるよう求めています。事業者は，条例や規則を遵守するのはもちろんのこと，太陽光発電施設の設置に係る様々な関係法令についても遵守する必要があります。

条例の目的である，地域と共生する太陽光発電事業の普及を図り，太陽光発電事業と地域環境との調和及び県民の安全で安心な生活の確保を図るため，必要に応じ，関係市町村及び太陽光発電事業に関係する民間企業・団体に対して協力を求めることができるとしています。

条例の対象は，規模にかかわらず，建築物に設置されたものを除く全ての野立ての施設となっています。当初は，いわゆる売電目的の事業用として，発電出力10キロワット以上の施設を対象としていましたが，条例施行後まもなく，他県において10キロワット未満の施設を多数設置する計画をめぐり，地域住民との間でトラブルとなった事案が発生したことを踏まえ，制定後１年を待たずに令和４年３月，全ての野立て施設を対象とする条例改正を行いました。

条例のポイントとして，まず，設置の段階については，県土の約８割を森林が占める本県において，地球温暖化の防止，山地災害の防止，生物の多様性の保全などの多面的機能に鑑み，森林地域での設置を原則禁止としました。また，土砂災害等が発生又は発生するおそれが高い区域，土砂災害等により施設が損壊するおそれが高い区域といった災害リスクが高い区域も設置規制区域としてゾーニングして新規設置は原則禁止とし，これらの区域内に設置しようとする場合には，知事の許可制としました。

設置規制区域については，地域森林計画対象民有林いわゆる「5条森林」等，国有林，地すべり防止区域，急傾斜地崩壊危険区域，土砂災害警戒区域及び土砂災害特別警戒区域，砂防指定地のいずれかに該当するのか，事業者が県に確認する必要があります。

これらの設置規制区域に対しては，防災上の安全性の確保や環境，景観への配慮など万全な対策が講じられる場合に限り，設置を認めることとしています。

事業者には，許可申請前の環境及び景観に及ぼす影響の評価等を義務付けています。環境及び景観に及ぼす影響の評価等とは，施設の設置が環境や景観に及ぼす影響について事業者が自ら調査や予測，評価を行い，その評価に基づいた対策を取ってもらうことです。太陽光発電事業の実施に伴い，土砂流出や濁水の発生，近隣に住宅等がある場合には騒音や反射光による生活環境への影響などの問題が生じる事例や，自然環境が豊かな場所では，動植物等の生態系等への影響も懸念されます。このため，太陽光発電事業の実施に伴って，環境や景観へどのような影響があるのかを調査し，その影響を回避又はできる限り低減する必要があります。

事業を開始する前にしっかりと調査・評価をしていただくことで，太陽光発電事業が安定的に運営され，地域環境との調和につながるものと考えています。

さらに，設置規制区域内に施設を設置しようとする場合，許可申請前にあらかじめ地域住民への説明会の開催も義務付けています。説明会においては，事業計画の内容，環境及び景観に及ぼす影響の評価等についての説明を行い，地域住民等の理解が得られるよう努めなければならないとしています。地域住民等の意見を踏まえ，必要な措置を講ずることも求めています。

また，条例素案に対するパブリックコメントにおいて，説明の状況が事業者から正確に県へ伝わるか不安視する御意見が寄せられました。県としては，必要に応じて説明会への職員派遣や地域住民からの聴き取りなどを実施し，説明の状況を把握することとしています。こうした取り組みにより，地域の皆様との信頼関係を築きながら，その上で，地域の実情を把握する市町村長の意見も尊重する中で，知事である私が責任をもって設置許可の可否を判断して参ります。

その一方で，設置規制区域外については設置前に設置届を提出することになっており，必要な図面などの添付書類が整っていれば届出として受理することになるため，冒頭で述べたように，事業者の責務である，地域住民に十分な情報提供や説明を行ったかどうかという確認をするような仕組みにはなっていませんでした。こうした中，令和4年7月に設置規制区域外における太陽光発電施設の新規設置計画の住民説明会において，事業者がトラブルを起こす不適切な事案が発生したところです。

こうしたことを踏まえて，トラブルを未然に防ぐということを検討し，設置規制区域外における新規設置の際にも，地域住民等に十分な説明を行い，良好な関係を築くよう努めているか確認することとして，地域住民等への説明等の状況が分かる書類の提出を求めることとする条例施行規則の改正を行い，令和5年1月から施行しました。なお，地域住民等への説明等の状況が分かる書類の作成に当たっては，その内容について関係市町村の確認を受けることとしています。

そして，維持管理の段階においては，設置規制区域外を含む県下全域の既存施設を含めた全ての施設を対象として，安全で安定的な事業運営を確保するため，日常の保守点検や異常気象時等の対応を含めて基準に則った維持管理計画の作成及び公表を義務付けるとともに，適正な維持管理の徹底を図ることとしています。

維持管理については，土砂災害等の防止及び周辺地域の環境保全に支障が生じないように常時安全かつ良好な状態が維持されていること，土砂災害等が発生するおそれがある場合の対策，土砂災害等が発生し，施設が損壊した場合の施設の復旧，周辺地域で環境の保全上の支障が生じた場合の除去について必要な措置を講じることも含まれています。

また，規制区域の場合，維持管理の結果について，毎年度，その記録を県に提出することを義務付けています。

そして，廃止の段階，すなわち太陽光発電施設を解体・撤去し，電気を得る事業を廃止するに当たっては，事前の届け出を義務付けています。

さらに，こうした条例の実効性を担保するため，必要に応じて指導や助言，立入調査，勧告を実施し，勧告を受けたものが正当な理由なく従わない場合には，措置命令ができるとしています。措置命令を行った場合は，その事業者の氏名などを公表し，その際には国にFIT認定の取り消しを求めることとしています。これは，太陽光発電が金融商品化された特性があることに注目した対応であり，本当に最終手段です。

また，設置規制区域内に無許可で施設を設置した者，設置規制区域外に無届で施設を設置した者などに対して，5万円以下の過料に処すことを定めています。

この条例に違反して建設するような場合に関しては，法的措置も辞さない毅然とした態度で臨みます。

そして，県内各地の多数の施設について，これら一連の対応を適確に行っていくためには，市町村との連携が重要となります。このため，相互の緊密な連絡により，施設ごとの管理状況や指導方針を確認し，協力関係を強める中で，一致した対応を図っていきます。こうした取り組みを着実に進めることにより，より実効性のある事業者指導を実施し，既存施設を含め，適正な運用を徹底して参ります。

(3)　条例施行後の対応状況

条例施行後，設置規制区域内への新規設置について，多数の相談が寄せられましたが，その多くは，国の固定価格買取制度による事業認定は取得しているものの，未だ運転を開始していない事業者でした。相談に対しては，条例の主旨をはじめ，申請前に環境等に及ぼす影響の評価や，地域住民に対する説明会の開催が義務化されていることなど，条例の内容を丁寧に説明したところです。

また，あるメガソーラーでは，林地開発許可と異なる開発工事を行い，防災施設の基盤となる調整池や排水路の設置工事が完了しないまま，施設が稼働していることが判明しました。このため，森林法に基づく措置命令を発出し，目標進捗率の設定や日々の作業状況の報告を求めるなど，復旧工事について徹底した進捗管理を行いました。これは，防災工事などの確実な完了に向けて，地域の安全・安心を確保するために必要な対応であったと考えます。途中，工事の遅れが判明しましたが，許可取り消しの手続を進めるなど，断固とした対応を取った結果，事業者の施工体制の強化が図られ，計画通りに完了するに至りました。これにより，安全上必要な機能が確保されていなかった調整池などの防災施設については，下流域への洪水被害を防止する機能を十分に備えたものに改善されました。また，条例を適用し，維持管理基準に従い，必要な措置を講ずるよう改善勧告を行い，毅然とした態度で問題の解決を図りました。

このメガソーラーについては，地域住民の不安を払拭するため，これからも当面の間，必要に応じて職員による現地確認を行うなど，施設の維持管理の状況を適切に確認していきます。このような対応により，安全で安心な，地域と共生した太陽光発電施設の導入を実現していきたいと考えています。

条例の制定により，今後，その設置，維持管理，廃棄まで含めた中で，トータルで太陽光発電施設を管理していかなければならないという立場ですので，国，市町村，そして地域住民と連携して，この条例が実効性のあるものとなるよう取り組んでいきたいと考えています。

また，条例制定は，単にスタートラインに立ったに過ぎません。経済社会，環境，技術革新などが変わりゆく中で，常に現状というものが変転していきます。現状の変転に合わせて，規制する側としても安全で安心な環境を守るため，そして条例の目的や基本理念を実現するため，必要であれば柔軟な対応を行い，常にアップデートしていきたいと考えます。

この条例の施行で乱開発は減少すると見ています。今後は地域住民に喜ばれる太陽光発電施設を作ってほしいと思います。森の中に大規模ソーラー施設をつくるのは，地元に喜ばれません。他の場所における太陽光発電の可能性を模索してほしいと思います。

(4)　太陽光発電施設の事業の廃止・リサイクルに向けた対応について

太陽光発電施設の固定価格買取期間終了に伴う使用済みパネルの処理と太陽光発電施設の活用は，今後の重要な課題であり，国においては，太陽光発電施設等の設置から廃棄に至るまでの課題解決に向けた検討や対応が進められています。

本県としても，適正に維持管理された太陽光発電施設の長期の電源化や，大量廃棄が見込まれる使用済みパネルの適正処理の確保など，固定価格買取期間終了後に想定される課題への対応を図るため，幅広く課題や意見を拾い上げ，実態に即した対応の方向性を議論することとし，発電事業者やパネルメーカー，廃棄物処理業者などで構成する検討会を設置し，検討を進めています。検討会では，使用済みパネルの処理については，リユース・リサイクル優先の考え方などを確認し，将来の大量発生に適切に対処していく上での課題を整理して参ります。

また，太陽光発電施設の活用については，2050年カーボンニュートラルの実現に向けて，売電の継続，自家消費等の促進，地元への電力供給など再エネ電源の持続的な拡大が重要なことから，可能な限り発電が継続される必要があります。このため，買取期間終了後の売電の継続に加え，地域電源としての活用も視野に，長期電源化の誘導策について議論して参ります。廃止に至るまで，地域との共生，県民の安全で安心な生活の確保を図ることが重要です。

本県においては，条例が施行されているため，事業を廃止する際に届出を求めていますが，これは全国的に珍しいケースです。しかし，太陽光発電事業の廃止そのものが太陽光パネルの廃棄には必ずしも直結しないこともあります。近い将来，固定価格買取期間終了に伴う使用済みパネルの放置・放棄，あるいは処分方法等について，あらゆる地域で課題となっていく可能性があります。

国における検討状況などを注視しつつ，本県では検討会において様々な視点から丁寧な議論を行い，万全の対応が図られるよう積極的に取り組んで参ります。

3　おわりに

太陽光発電はカーボンニュートラルの実現のため，導入を進める再生可能エネルギーの主力となるものと考えています。しかし，県民の安全で安心な生活を犠牲にすることは許されません。地域と共生する施設である必要があります。

また，太陽光発電施設は，長い年月にわたって地域に存在しうるものなので，地域住民からの理解を丁寧に得るようにしていただきたいと考えます。一つは安全性，これは，必須です。県としては，これについて全く妥協する余地はありません。もう一つは，生活環境への影響です。地域住民は大変気にするところなので，しっかりとケアしてほしいと思います。地域との共生のためには，地域住民と十分なコミュニケーションを取り，理解を得たうえで，地域と共に地域に根ざした施設となるようにしていかなければなりません。

本県が目指しているところは，太陽光発電の規制の強化ではありません。規制の先にある太陽光発電の本来の姿，自然と環境を守り，人と共存していく姿を実現していくことにあります。

条例施行後，問題になるような施設設置の事案は，発生していません。地域との共生，県民の安全で安心な生活の確保を図る条例の効果が表れているものと考えます。

本県の条例の趣旨が全国に広まり，太陽光発電の適正な導入が進んでいくことを願います。

(参考)

山梨県太陽光発電施設の適正な設置及び維持管理に関する条例（抜粋）

（目的）

第一条　この条例は，地球温暖化の防止，山地災害の防止，生物の多様性の保全等に重要な役割を果たしている森林が県土の多くを占める本県において，太陽光発電事業の実施が自然環境，生活環境及び景観その他の地域環境に与える影響に鑑み，太陽光発電施設の設置，維持管理及び廃止に至る太陽光発電事業の全般について地域環境を保全し，又は災害の発生を防止する方法により適切に実施するよう必要な事項を定めることにより，地域と共生する太陽光発電事業の普及を図り，もって太陽光発電事業と地域環境との調和及び県民の安全で安心な生活の確保を図ることを目的とする。

（定義）

第二条　この条例において，次の各号に掲げる用語の意義は，当該各号に定めるところによる。

一　太陽光発電施設　太陽光を電気に変換する施設（建築基準法第二条第一号に規定する建築物に設置されるものを除く。）をいう。

二　太陽光発電施設の設置　太陽光発電施設の新設及び増設（これらの行為に伴う木竹の伐採及び土地の形質の変更を含む。）をいう。

三　太陽光発電事業　太陽光発電施設の設置をし，電気を得る事業をいう。

四　事業区域　太陽光発電事業の用に供する土地の区域をいう。

五　事業者　太陽光発電事業を実施する者をいう。

（基本理念）

第三条　太陽光発電事業は，地域に根ざし，県民の安全で安心な生活と豊かな自然環境，生活環境及び景観その他の地域環境との調和を図りながら安定的に運営されるものでなければならない。

（事業者の責務）

第四条　事業者は，関係法令の規定を遵守しなければならない。

2　事業者は，太陽光発電事業の実施に当たり，自然環境，生活環境及び景観その他の地域環境を保全し，又は災害の発生を防止するために必要な措置を講じなければならない。

3　事業者は，太陽光発電事業の実施に当たり，地域住民に十分な情報提供及び説明を行い，太陽光発電事業の実施について理解を求め，及び地域住民との良好な関係を築くよう努めなければならない。

（市町村との協力）

第五条　知事は，この条例の目的を達成するため必要があると認めるときは，事業区域の全部又は一部をその区域に含む市町村の長その他の関係市町村の長に対し，資料又は情報の提供その他の協力を求めることができる。

（関係機関の協力）

第六条　知事は，この条例の目的を達成するため必要があると認めるときは，一般送配電事業者その他関係機関に対し，必要な協力を求めることができる。

（設置規制区域）

第七条　事業者は，次に掲げる区域（以下「設置規制区域」という。）においては，太陽光発電施設の設置をしてはならない。ただし，あらかじめ知事の許可（以下「設置許可」という。）を受けた場合は，この限りでない。

一　森林法第二条第三項に規定する国有林の区域及び同法第五条第一項の地域森林計画の対象となっている民有林の区域並びに当該区域に準ずるものとして災害の発生を防止する見地から規則で定める区域

二　地すべり等防止法第三条第一項の地すべり防止区域

三　急傾斜地の崩壊による災害の防止に関する法律第三条第一項の急傾斜地崩壊危険区域

四　土砂災害警戒区域等における土砂災害防止対策の推進に関する法律第七条第一項の土砂災害警戒区域及び同法第九条第一項の土砂災害特別警戒区域

五　山梨県砂防指定地管理条例第二条に規定する砂防指定地の区域

（設置許可の申請）

第八条　設置規制区域内に太陽光発電施設の設置をしようとする者は，規則で定めるところにより，あらかじめ，申請書に必要な図面等を添付して，知事に提出しなければならない。

（環境及び景観に及ぼす影響の評価等）

第九条　設置許可の申請を行おうとする者（以下「設置許可申請者」という。）は，あらかじめ，当該申請に係る太陽光発電施設の設置が環境及び景観に及ぼす影響について，規則で定めるところにより，環境及び景観の構成要素に係る項目ごとに調査，予測及び評価を行うとともに，これらを行う過程において環境及び景観の保全のための措置を検討し，当該措置が講じられた場合における環境及び景観に及ぼす影響を総合的に評価しなければならない。

（地域住民等への説明等）

第十条　設置許可申請者は，あらかじめ，規則で定めるところにより，事業区域の全部又は一部をその区域に含む地縁による団体の区域に居住する者その他の規則で定める者（以下「地域住民等」という。）に対し，設置許可の申請に係る太陽光発電事業の説明会を開催し，当該太陽光発電事業の計画（以下「事業計画」という。）の内容を説明しなければならない。この場合において，設置許可申請者は，地域住民等の理解が得られるよう努めなければならない。

2　設置許可申請者は，事業計画の周知を図るため，規則で定めるところにより，事業区域内の公衆の見やすい場所に標識を設置しなければならない。

3　設置許可申請者は，地域住民等の意見を踏まえ，必要な措置を講ずるよう努めなければならない。

（設置許可の基準等）

第十一条　知事は，第八条の規定により設置許可の申請書の提出があった場合は，当該申請書に係る太陽光発電施設が次のいずれにも該当すると認められるときに限り，設置許可をすることができる。

一　当該設置許可の申請書に係る事業区域に第七条第一号に掲げる区域が含まれる場合は，次のいずれにも該当すると認められること。

イ　当該申請書に係る太陽光発電施設を設置する森林の現に有する土地に関する災害の防止の機能からみて，当該太陽光発電施設の設置により当該森林の周辺の地域において，土砂の流出又は崩壊その他の災害（以下「土砂災害等」という。）を発生させるおそれがないこと。

ロ　当該申請書に係る太陽光発電施設を設置する森林の現に有する水害の防止の機能からみて，当該太陽光発電施設の設置により当該機能に依存する地域における水害を発生させるおそれがないこと。

ハ　当該申請書に係る太陽光発電施設を設置する森林の現に有する水源の涵（かん）養の機能からみて，当該太陽光発電施設の設置により当該機能に依存する地域における水の確保に著しい支障を及ぼすおそれがないこと。

ニ　当該申請書に係る太陽光発電施設を設置する森林の現に有する環境の保全の機能からみて，当該太陽光発電施設の設置により当該森林の周辺の地域における環境を著しく悪化させるおそれがないこと。

二　事業区域に第七条第二号，第三号及び第五号に掲げる区域のいずれかが含まれる場合は，当該申請書に係る太陽光発電施設の設置により，当該太陽光発電施設の周辺の地域において想定される土砂災害等の発生を助長するおそれがないことが明らかであると認められること。

三　事業区域に第七条第四号に掲げる区域が含まれる場合は，次のいずれかを満たすと認められること。

イ　設置規制区域において想定される土砂災害等による当該申請書に係る太陽光発電施設の損壊のおそれがないことが明らかであること。

ロ　設置規制区域において想定される土砂災害等による当該申請書に係る太陽光発電施設の損壊が生じた場合であっても，人的被害，建物若しくは工作物の被害又は交通の遮断のおそれがないことが明らかであること。

四　前三号に定めるもののほか，関係法令の規定に違反しないこと。

2　知事は，設置許可をしようとするときは，当該設置許可に係る事業区域の全部又は一部をその区域に含む市町村の長その他の関係市町村の長から意見を聴き，その意見を尊重しなければならない。

3　知事は，設置許可には，自然環境，生活環境及び景観その他の地域環境の保全上及び災害発生の防止上必要な限度において条件を付することができる。

7　知事は，設置許可をしたときは，その旨を公表するものとする。

（設置届出）

第十四条　設置規制区域外に太陽光発電施設の設置をしようとする者は，規則で定めるところにより，あらかじめ，届出書に必要な図面等を添付して，知事に提出しなければならない。

（維持管理）

第十八条　事業者は，次に掲げる維持管理に関する基準に従って太陽光発電施設及び事業区域（以下「太陽光発電施設等」という。）の適正な維持管理をしなければならない。

一　太陽光発電施設等は，土砂災害等の防止及び周辺地域の環境の保全に支障が生じないよう，常時安全かつ良好な状態が維持されていること。

二　太陽光発電施設等の周辺において土砂災害等が発生するおそれがある場合は，太陽光発電施設の損壊の防止又は周辺地域の環境の保全上の支障が生じないために必要な措置が速やかに講じられること。

三　土砂災害等により太陽光発電施設の損壊が発生し，又は周辺地域の環境の保全上の支障が生じた場合は，速やかに当該太陽光発電施設の復旧又は当該支障の除去のために必要な措置が講じられること。

2　事業者は，規則で定めるところにより，太陽光発電施設等の維持管理をするための計画を作成し，当該計画に従い，当該太陽光発電施設等の維持管理を行わなければならない。

3　事業者は，前項の規定により計画を作成したときは，規則で定めるところにより，これを公表しなければならない。

4　事業者は，事業区域の全部又は一部が設置規制区域に含まれる場合は，規則で定めるところにより，第二項の規定により作成した計画及び同項の規定により行った維持管理の結果を知事に提出しなければならない。

6　事業者は，事故又は土砂災害等により，太陽光発電施設の損壊が発生し，又は周辺地域の環境の保全上の支障が生じたときは，速やかに当該太陽光発電施設の復旧又は当該支障の除去のために必要な措置を講ずるとともに，規則で定めるところにより，その旨を知事に報告しなければならない。

（廃止）

第二十条　事業者は，太陽光発電事業を廃止しようとするときは，廃止しようとする日の三十日前までに，規則で定めるところにより，その旨を知事に届け出なければならない。

（指導及び助言）

第二十一条　知事は，この条例の施行に必要な限度において，事業者に対し，指導及び助言を行うことができる。

（報告の徴収）

第二十二条　知事は，この条例の施行に必要な限度において，事業者に対し，太陽光発電施設の設置の状況その他必要な事項に関し報告又は資料の提出を求めることができる。

（立入検査）

第二十三条　知事は，この条例の施行に必要な限度において，その職員に，事業者の事務所，事業区域その他その事業を行う場所に立ち入り，太陽光発電施設，帳簿，書類その他の物件を検査させ，関係者に質問させることができる。

（勧告）

第二十四条　知事は，設置許可又は変更許可を受けないで太陽光発電施設の設置をした者に対し，太陽光発電事業の中止，太陽光発電施設の撤去又は原状回復を勧告することができる。

2　知事は，設置許可又は変更許可に係る太陽光発電施設が第十一条第一項第一号から第三号までに掲げる基準又は同条第三項の規定により付した条件に適合していないと認めるときは，当該設置許可又は変更許可を受けた者に対し，太陽光発電事業を直ちに中止するよう勧告することができる。

3　知事は，事業者が第十八条第一項の基準に従って維持管理を行っていないと認めるときは，当該事業者に対し，土砂災害等の防止及び周辺地域の環境等の保全のために必要な措置を講ずるよう勧告することができる。

4　知事は，第二十一条の規定による指導を受けた事業者が正当な理由がなく当該指導に従わないときは，当該事業者に対し，当該指導に従うよう勧告することができる。

（措置命令）

第二十五条　知事は，前条の規定による勧告を受けた者が正当な理由がなく当該勧告に係る措置を講じなかったときは，当該者に対し，当該勧告に係る措置を講ずべきことを命ずることができる。

（違反事実の公表等）

第二十六条　知事は，第十三条の規定により設置許可を取り消し，又は前条の規定により措置を講ずべきことを命じたときは，その旨並びに当該設置許可を取り消された者又は当該命令を受けた者の氏名及び住所を公表することができる。

3　知事は，第一項の規定による公表をしたときは，経済産業大臣にその旨を通知し，及び再生可能エネルギー電気の利用の促進に関する特別措置法第十五条の規定による再生可能エネルギー発電事業計画の認定の取消しを求めるものとする。

（罰則）

第二十九条　次の各号のいずれかに該当する者は，五万円以下の過料に処する。

一　第七条若しくは第十二条第一項の規定に違反して設置許可若しくは変更許可を受けないで，又は偽りその他不正の手段により設置許可若しくは変更許可を受けて，太陽光発電施設の設置をした者

二　第十四条第一項又は第十五条第一項の規定に違反して届出をしないで，又は虚偽の届出をして，太陽光発電施設の設置をした者

三　第二十二条の規定による報告若しくは資料の提出をせず，又は虚偽の報告若しくは資料の提出をした者

四　第二十三条第一項の規定による検査を拒み，妨げ，若しくは忌避し，又は質問に対して答弁をせず，若しくは虚偽の答弁をした者

2 メガソーラー及び大規模風力による地域住民とのトラブルの現状

安藤哲夫・佐々木浄榮
（全国再エネ問題連絡会）

はじめに
── 地域を守るために行動せずにはいられなかった私たち

全国再エネ問題連絡会は，メガソーラーや大規模風力発電問題に取り組む全国の住民団体や個人が参加するネットワークで，相互に情報交換し，協力し合い，各地の運動を支援すること，国や地方自治体に，豊かな自然や住民の生活を破壊し，生命を脅かす乱開発への法規制を求めることを目的に活動しています。

私たちは，自分たちの住む地域を脅かす巨大な開発が起こるまでは，地域の豊かな自然を愛し，豊かな自然環境の恩恵を受けた生活を享受していた普通の住民でした。職業や生活環境も様々ですが，このような問題に取り組むまでは，多くの人が開発問題に取り組んだことはありませんでした。

私たちが，普通の人と違うとすれば，地域を脅かす理不尽な乱開発を黙って見ていることができなかったということです。

森林を伐採し，山を削って造られるメガソーラーや大規模風力発電は人口が少なく，豊かな自然が残る場所で計画されますが，そのような地域でも，「再生可能エネルギー」と言えば，クリーンで環境に優しく，原発問題や地球温暖化対策の切り札であるというイメージが定着しており，「太陽光発電や風力発電を建設する」＝「環境問題の解決のために不可欠」と考えている人が多くいます。

しかし，私たちが直面している再生可能エネルギー開発は，巨額の利益を狙った内外の投資家が，クリーンなイメージを隠れ蓑に，規制が緩く，より大きな開発ができる場所で，時には違法行為・脱法行為もしながら，地域の豊かな自然や住民の安心・安全な生活を食い物にしているあまりにも理不尽なものでした。

大変なことが起きているのではないかと感じ，疑問に思った人が訴えても，事業者は「法令に則って進めている」と言い，行政は，「法的に問題なければ止められない」とまともに受け止めてくれません。そして，「再生可能エネルギー推進は国が積極的に進めている政策です」と言われ，多くの人が黙り込んでしまいます。

それでも，黙っていられなかった私たちは，事業者や行政に説明や資料を求め，情報公開請求をして自らも資料を収集し，法律や土木，自然のメカニズムなどについても勉強し，時には，自分たちで費用を出して専門家にアドバイスを求め，地域に問題提起をして仲間を集め，議員や議会，行政に問題点を訴えることにより，大きな開発と対峙してきました。開発事業者側で動く人は，高い給与をもらっているでしょうし，時間も十分ありますし，経費や専門家を雇う費用も事業者が負担するでしょう。事業の許認可や監督をする行政職員も，給与をもらい，十分な時間を使い職務として取り組んでいます。しかし，私たちは，仕事や家事の合間を縫い活動し，費用は自分たちのお金を持ち出しています。開発問題では，住民側の方が圧倒的に不利で，活動を続ければ続けるほど，住民は疲弊をしていきます。しかも，開発に対するスタンスは，それぞれの住民によって様々であり，反対運動をすることで，地域に大きな分断が生まれることも，しばしばあります。これまで暮らしてきた，これからもずっと暮らしていきたいと願う地域で，軋轢が生じることは住民にとって何よりも苦しいことで，都市部と違い，人と人との関わりが密な地域での長期の分断は地域社会全体のストレスになります。

知識も経験も無いところからスタートし，困難な，苦しい道のりを手探りで歩いてきた私たちが，地域は異なれど共通に感じていたことは，結局，現状の再エネ推進のあり方に歯止めをかけ，地域の環境を守る規制がなければ，事業者との消耗戦のような戦いが繰り返されるだけで安心できない。自分たちが数年かけて得てきた経験を他の地域に共有できれば，各地で孤軍奮闘している住民や今後，開発と向かい合わなければならなく

なった住民を助け，開発を止めることができるのではないかということです。

そのような思いを持った私たちは，2021年5月に，自然保護団体である（一財）日本熊森協会が開催したオンラインシンポジウム「自然エネルギーのために豊かな自然を破壊していいのか？～メガソーラー問題を考える～」を契機につながりを深めました。そして，住民や自然環境を守る立場で，再生可能エネルギー問題に取り組む全国ネットワークをつくろうという話が一気に進み，同年7月，全国再エネ問題連絡会が発足しました。

発足以降，私たちは，内閣府の「再生可能エネルギー等に関する規制等の総点検タスクフォース」をはじめとする，再エネ開発の規制を所管する各省庁，政党や国会議員への働きかけを進め，全国各地の情報交換をしながら，時には経験や知識を共有し，時にはともに行動することによって各地の活動を支援してきました。発足当初は20地域ほどだったネットワークは，今では50を超える地域の団体や個人が参加し，心ある専門家にも応援の輪が広がりつつあります。

私たちが，政治家，行政，専門家，そして電力の大消費地である都市部で暮らすみなさんに，まず，知っていただきたいのは，「再生可能エネルギー」の名のもとに起っている，地球温暖化対策というにはあまりにもお粗末な，森林破壊と地域住民の生活や生命すら脅かしかねない乱開発の実態です。

本稿では，私たちが経験した具体的な事例をもとに，再エネ開発の現状をお伝えするとともに，各地での乱開発の阻止を求める住民たちの活動から見えてきた法規制の問題点やあるべき再生可能エネルギーの形などについても触れています。

1　自然環境と地域を脅かす再エネ開発の実態

(1)　奈良県平群町メガソーラー計画を事例に

メガソーラーや風力発電建設が，どのように計画され，どのようなことに地域住民が苦悩するのかは，1つの事例を詳しく見てみるとよくわかります。そこで，奈良県平群町の例を検討してみたいと思います。

平群町は，万葉集に「たたみごも平群の山」と呼ばれた美しい里山に囲まれた町で，古墳や社寺など重要文化財に指定されている史跡も多くあり，豊かな環境を求めて，移住してきた人も多く住んでいる町です。

●森林，約 30ha を伐採し，パネルを設置

平群町の住民が，約 30ha の森林を伐採し，100 万㎥を超える切土・盛土をし，そこに５万枚以上のパネルを敷き詰めるというメガソーラー建設計画に直面したのは 2019 年のことです。計画地の下流には，集落の外，丘陵地に造成された住宅地もあります。この地域の河川は，流量が少ないものが多く，計画を聞いた住民はとても驚きました。事業者が FIT 認定を取得したのは，2013 年で，計画は，何年も前から進んでいたのですが，多くの住民らが計画を知るに至ったのは，林地開発許可という工事着工に必要な許可が下りた後のことです。

●洪水や土砂災害が住宅地を直撃する危険

斜面にある 30ha もの森林を切り開き，切土・盛土をするということは，山の木々をはぎ取りますので，当然，雨が降れば森林が吸収するはずだった水は下流へそのまま流れてしまいます。洪水を調整するために，約 1.5ha の土地に，巨大な調整池を作る計画になります。調整池からの排水が流れる水路や河川の流量はとても小さく，下流には 2500 戸 5700 人が暮らす住宅地が広がっているからです。

豊かで美しい自然環境が破壊されるだけでなく，水害や土砂災害で，住民の生命が危機にさらされていることがわかり，危機感をもった住民たちが動き出しました。

●無茶な計画の陰に莫大な利益がある

事業者がこのような危険な事業を強行する理由はただ１つ，メガソーラー開発により，莫大な利益が約束されているからです。2012 年に再エネ特措法により導入された固定価格買取制度（FIT）は，太陽光や風力の発電を高く買うことにより再エネ推進を図るものですが，確実に儲かるビジネスに参入した内外の投資家による乱開発により，中山間地域の住民は苦しめられることになります。事業者の中には，地域住民のことを全く考えないだけでなく，違法・脱法行為も厭わない者もいます。FIT の価格は初期の頃がとても高く，しかも取得要件がかなり緩やかだったため，土地の確保すらしないで FIT 認定を受け，事業は後で具体化するという杜撰な計画も多発しました。

2012 年度に FIT 認定を受けた平群町のメガソーラーは，1kW あたりの売電価格が 40 円＋税で，認定が取消しや失効しない限り 20 年間この価格で買取りをしてもらえます。電気代が値上がりをした現在でも莫大な利益を生む事業であることは変わりません。

宅地と比べて規制が緩く，しかも安価で大面積の開発が見込める山林は，暴利を狙う事業者の草刈り場のようになっています。一部の事業では，事業関係者に反社会勢力が混ざりこんでいたり，山梨県北杜市では，住民説明会で，住民に暴言をあびせたりや暴行をふるった事業者もあり，実態はクリーンなイメージとはかけ離れています。

●砂防三法で危険地域に指定されていても開発できる

平群町のメガソーラー建設予定地の下流には土砂災害警戒区域や土砂災害特別警戒区域があります。

山林で林地開発許可の要件は，森林法では，①災害の防止，②水害の防止，③水の確保，④環境の保全の見地から検討されることになっていますが，実際には，林野庁の要領に基づき都道府県等が定めた基準は技術的な指針を定めたものでそれさえクリアすれば許可がでてしまいます。しかも，これらの基準が数十ヘクタール規模で森林を伐採するメガソーラーや大規模風力発電施設を想定できているようには思えません。

そのためメガソーラー開発の計画地やその周辺が砂防三法等他の法律で危険個所に指定されていても，土砂災害の恐れがないとして開発が認められるケースがあります。

●林地開発許可申請書類への虚偽記載の発覚と工事停止

危険な場所での開発にもかかわらず，2019 年の 11 月に，奈良県は平群町のメガソーラー計画に対し，林地開発許可を下ろしました。平群町の住民を中心に，約 1000 人の原告が集まり，2021 年 4 月に，森林を大規模に伐採し，切土盛土をする土石流災害を発生させる危険な開発だとして，事業者に対し，工事の差止を求める裁判を提起しました。

現場では，工事が始まり，防災工事の実施のないまま森林伐採が先行する中で，住民が情報公開請求で取得した林地開発許可申請書類に水害を起こしかねない重大な偽装があることが判明しました。下流河川の流下能力を計算するために必要な勾配が，計測地点の22か所が全て18％で，川でなく滝と同じような急勾配になっており，より多くの水が流せるように見せかけていたのです。

住民がこの問題を発見しました。このまま工事が進められれば大災害になると奈良県につきつけたところ，21年6月奈良県知事が工事停止の指示を出し，事業が止まりました。工事停止の指示を出した当時の奈良県知事は，マスコミに対して，「設計内容に意図的とも思える誤りがあった」と発言しています。住民らは，基準に適合していたかのように帳尻を合わせる現実にはあり得ない数値を記載し，奈良県がそれを見逃した結果だと指摘しています。

●再度の林地開発許可と住民による許可取消訴訟の提起

工事は一旦停止になりましたが，奈良県は，事業者が，事実を偽って記載した書類をもとに許可を受けたと認識しながら許可を取り消さず，2023年2月，事業者の造成工事等の計画変更を認める許可を出しました。

当初の許可では約2万7000㎥だった調整池の容量の合計は，再度の許可では，約3万4800㎥に及びます。8000㎥近く容量が増えています。しかし，それでも，メガソーラー計画地の河川は3年確率の雨でも溢れるような流量が小さな河川なので，調整池の容量が足りず，50年確率の雨が降れば調整池雨水をためきれず，水害や土砂災害の危険があります。このような場所を本来開発してはいけないのです。

2023年8月，住民らは，奈良県の出した林地開発許可の取消し訴訟の提起と，許可処分の効力の執行停止を求めて，今度は，奈良県を相手に訴訟を起こしました。

法改正により長期間発電をしていない事業のFIT認定を失効させる制度もできましたが，平群町の開発は，失効直前に，再度の林地開発許可も受けており，当面は失効になりません。

仮に，今の事業者が撤退を表明したり，FIT認定が失効になっても，また，新しい事業計画が立ち上がるかもしれません。

結局のところ，森林での再エネ開発を厳しく制限する規制が実現しない限り，住民の不安はつきないのです。

(2)　メガソーラーをめぐるトラブルは各地で発生

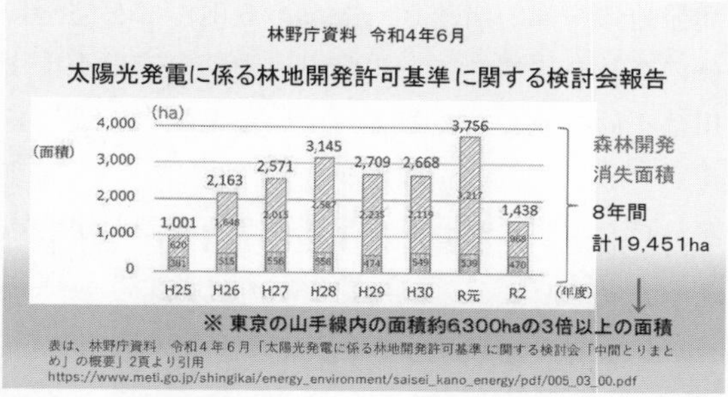

メガソーラーをめぐるトラブルは全国各地で起きています。

2021年度までに太陽光発電により，林地が伐採された件数は12700件を超え，延べ19451haの森林が消失しています。この面積は，山手線の内側の３倍に及びます。

2022年２月衆議院予算委員会での答弁で，当時の萩生田経産大臣は，「小学生だって CO_2 減らすために木を伐る？！何のために伐るのかと思っている。我々がイメージしていた太陽光と違う方向に行ってしまっていることは否めない。関係省庁を横串で刺すような法律が可能かどうか検討していく」と答えられました。二酸化炭素吸収源であり，気候変動の緩和機能を持つ森林をこれだけ破壊して地球温暖化対策だというのはまやかしであることは，誰にでも明らかなはずです。

急峻な斜面が多い日本の国土で，全国で，これだけ森林を伐採しているのですから，太陽光発電にまつわるトラブルは後を絶ちません。台風や大雨の際の法面崩壊，施設の崩落，パネルの散乱などが多発しています。

● 100haのメガソーラー開発現場で，土砂で田んぼが埋まる～青森市新城地区～

青森県青森市で開発をしているメガソーラーの建設現場です。開発面積は

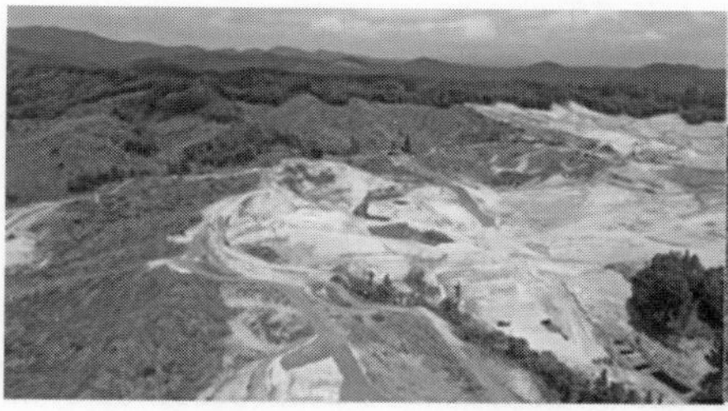

事業計画地103.5ha　50MWのメガソーラー建設現場（青森県青森市新城地区）

令和4年8月建設現場から土砂災害が発生

100haを超えるかなり大規模な森林伐採になります。2022年の8月の台風で開発地の一部が崩落し，下にある田んぼを完全に埋めてしまいました。これだけの森林を伐採しているため，土砂の流出が止まらず，雨の度に濁流が発生，川は土砂で埋まってしまっていると報告を受けています。

●杜撰な工事に対し県が是正命令～山梨県甲斐市菖蒲沢～

山梨県甲斐市菖蒲沢というところにも山林を切り開いて，住宅街の真上に，17000kW，約15haのメガソーラーが建設されています。連絡会でも，近隣住民からの相談を受けて現地確認に行きました。遠くから見ると，きちんと作っているように見えますが，近くで見ますと，調整池はただブロックを積んだだけで，とても大量の水を安全に貯めこむことができるようには見えません。基礎部分は崩落していました。調べてみると，許可申請書類に記載されている防災設備である調整池の設計図とは，異なるものを作っていることが分かりました。ブロックについてメーカーに問い合わせると，この製品は水をためるような強度はありませんので，そのような使い方は絶対にやめてくださいと言われたそうです。

山梨県が厳しく事業者を指導した結果として，指導から1年以上経った2022年の8月頃にようやくこの状態は改善されたとのことです。

しかし，私たちは問題が残っていると考えています。これは，防災の専門家である鈴木猛康山梨大学名誉教授が指摘されていることですけれども，今の菖蒲沢のメガソーラーの排水のすぐ下流は舗装のない普通の沢道で，普段は水が流れていません。しかし，大雨が降ると，メガソーラーの斜面から流れる土砂がこの河を塞ぐ形になる可能性がある。そのようになれば，当然，自然の天然のダムがそこに形成され，これが決壊することによって，下流に大規模な土石流なりの被害が及ぶおそれがあるいうことです。鈴木名誉教授は，既に開発されてしまった場所について，土砂災害等の発生の危険性を見直し，場合によっては土砂災害等の危険地域を新たに指定し，崩落の危険があれば住民に知らせるような仕組みを検討する必要があるとしています。

森林を切り開き建設された既にあるメガソーラーは，森林法による要件を満たしてたとして，林地開発許可を取っています。

しかし，全国で，斜面にできた太陽光パネルや法面，地盤の崩落が起こっています。これは，基準自体が，実態に即していないことを示していると，私たちは考えています。

●全戸井戸水の集落の水源地にメガソーラー～宮城県丸森町耕野～

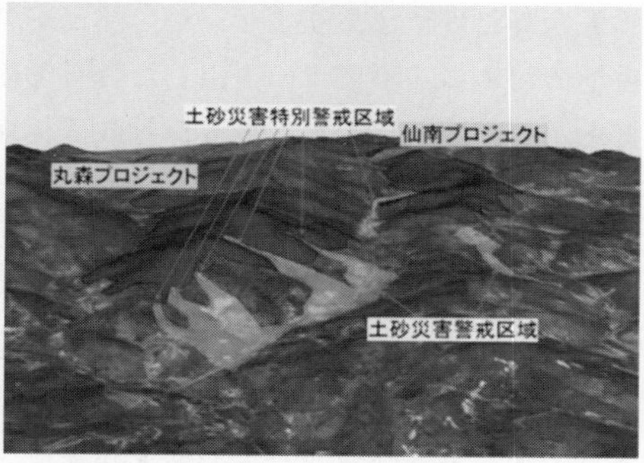

宮城県丸森町耕野地区は，阿武隈川源流にも位置する山に囲まれた集落で，全戸が井戸水で生活しています。豊かな自然を享受する環境に恵まれ，移り住んできた人も多い地域でした。この耕野地区に，2カ所，合計115.5haでメガソーラー建設の計画が持ち上がりました。

水源地を大規模に破壊する計画であり，井戸への影響は不可避と考えられました。また，2019年10月の台風19号で大規模な土砂災害が発生し，19人の死者・行方不明者が出て，地域が孤立しました。大規模な森林開発が住民の生活を破壊するインパクトを持つことを，多くの住民が懸念し，反対の動きが広まって行きました。

丸森町のメガソーラー事業でも数々の問題点が指摘されています。

2019年11月，事業者のために動いていた人物らが，反対派の区長に現金等を渡そうとしたとして贈賄罪で逮捕され，その後，有罪となりました。また，耕野地区での2つの計画は，事業を行う会社は別で，事業は2つとされていましたが，実質的な事業主体は同じであり，115haの森林を開発する1つの計画として，環境アセスを逃れるために事業を分けて2つに見せかけていると問題にされていました。この点については，最終的に環境省もアセスが必要と判断し，その結果，事業者は，1つの計画の林地開発許可申請を取り下げました。ですので，今は，1つの55haの開発計画だけ残っています。

丸森町のメガソーラー事業は大規模な森林伐採を伴うことから，土砂災害の恐れや全戸井戸水で生活している耕野地区の水の確保に重大な影響を及ぼしかねません。1つになった計画でも55haの森林伐採を行えば，森が吸収しない雨水が一気に川へ流れないために必要となる防災用の調整池の容量は4万5300㎥，実に25mプール76杯分です。大雨が来て，調整池が溢れれば舗装も何もない小さな沢に最大で毎秒13tの水が流れます。これで，洪水を心配しない住民はいないでしょう。井戸水が枯れるのではないかという住民の不安に対しても，十分な調査すらされていません。それでも宮城県は2021年7月に林地開発許可を出しました。

丸森町だけではありませんが，住民が災害の恐れがあると自分たちの生命や生活のために，事業者の提出した資料を検証し，現場を調査し，それなりの根拠を示して問題提起をしても，行政は林地開発許可を出してしまうのです。必死で訴える住民に対し，行政の逃げ口上は，「許可を出さなければ，事業を止めれば，事業者に訴えられる」というものです。住民の生命や生活より，事業者の財産権や営業権の方が大事なのでしょうか。

もし，住民の生命を脅かしかねない森林開発にも許可を出さねばならないのだとしたら，法律の要件が誤っているのか，そもそも法律のあり方が誤っているのどちらかに違いないと私たちは考えます。

丸森町のメガソーラーは，住民の同意を得ながら工事を進めるという町と県と事業者の協定により，現在，かろうじて着工が止まっている状態です。

この事業に対しては，国土利用計画法23条1項で求められる届出をしていないとして，住民らが事業者を刑事告発し，2023年4月に刑事告発は受理されました。悪質な事業を取り締まる必要が生じ，再エネ特措法が改正され，FIT認定を取得する事業者に対し，条例も含む他法令順守義務を課すようになりました。丸森町では，贈賄事件やアセス逃れを含めて，事業者は違法・脱法行為を複数行っていますが，それでもFIT認定は取り消されていません。

●島の4分の1をメガソーラーが埋め尽くす～長崎県佐世保市宇久島～

長崎県五島列島の端にある宇久島は，海に囲まれた美しい島で，約1700人が暮らしています。しかし，島の約4分の1にあたる約720ha事業用地に150万枚以上のパネルを敷設する480MWの日本最大規模のメガソーラーと，別事業者が行う100MWの陸上風力発電で埋め尽くされるという計画が進んでいます。

島全体の大規模な改変で，山林の伐採による土砂災害，地下水で生活をして

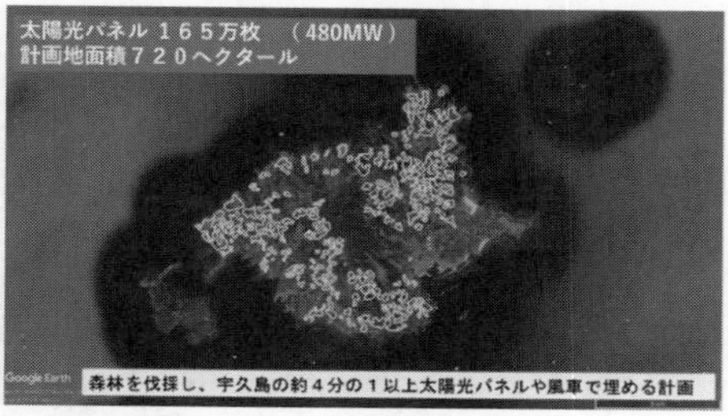
太陽光パネル１６５万枚　（480MW）
計画地面積７２０ヘクタール
Google Earth
森林を伐採し、宇久島の約４分の１以上太陽光パネルや風車で埋める計画

いる島民の水資源の枯渇，台風によるパネルの飛散などにより，島に人が住めなくなるのではないかと，住民の多くが不安を募らせています。宇久島は特定有人国境離島に指定されており，人が住み続けることが重要な国境の島として居住継続のための施策が取られている地域です。住民の生活を危うくするメガソーラーはこれと真っ向から対立します。

720ha の巨大開発であるにもかかわらず，宇久島のメガソーラー事業では環境アセスが行われていないという大きな問題があります。当初，太陽光発電施設の建設への環境影響評価は不要とされていましたが，省令改正により，一定規模のメガソーラーにもアセスが必要となりました。しかし，宇久島の場合は，令和２年４月までに電気事業法第 48 条に基づく工事計画の届出があればアセスが不要であるという経過措置を満たしたとして，アセス不要とされています。住民らはこれだけ大規模な工事の届出が令和２年４月までにされているのか疑いを持ち，調査を行いましたが，法改正前に届けられた工事計画書は，全体の一部であり，全ての工事計画書が届けられたのは，令和４年 12 月でした。しかも，今年に入って計画内容の変更届もなされています。このような状況では，法改正前に工事計画の全てが届けられたとは，到底認められないのではないでしょうか。また，長崎県の条例によるアセスも，改変面積をパネルの支柱部分だけにして，適用基準の 30ha を下回るように少なく見積り申告しているという指摘を住民らかしています。

さらに，国土法上の届出がなされていなかったり，佐世保市との協定を結ぶという約束を破棄し，協定書も作成しないまま工事を進めるなど，様々な問題があります。

日本の名だたる大企業（九電工，京セラ，東京センチュリー，古河電気工業など）がこの事業に出資をしていますが，出資企業はこのような実態を知っているのでしょうか。住民らは，出資企業に島へ来て，現地を見て，住民の声を直接聞いてほしいと願っています。

(3)　尾根筋を削る風力発電の問題点

森林伐採後（石巻ウィンドファーム）

森林を大規模に破壊するのはメガソーラーだけではありません。大規模な風力発電も同じです。風況がいいということで，風力発電は尾根筋が適地とされます。しかし，現在，建設が進められている大規模な風力発電は支柱の高さだけで 60 ～ 80m というものが主流でブレードの高さも合わせると 150m，大きいものでは 200m を超えるという巨大建築物です。これだけ大きな風車の支柱やブレードを運びこむためには，大規模な道路開設が必要で，森林を伐採し，山を削り切土盛土が行われます。道路建設のために伐採される森林の幅は大きい場合は 40m にもなります。尾根筋に風車を数十基建設すると，数十 ha を超える大規模な開発になります。

山間部の風力発電が，大森林破壊になることは意外と知られておらず，全国再エネ問題連絡会で，関係省庁を回った際，資料を見せると政策担当官に，風力発電が森林破壊になるという意味が初めて分かったと言われて驚いたことがあります。

しかも山の頂上部の尾根筋を大規模に触るのは国土を変える大変危険な行為です。鈴木猛康山梨大学名誉教授は，元来崩れやすい尾根筋は，自然の広葉樹林があり，岩盤まで根茎を食いこませていることで，崩壊を防いでおり，尾根筋の森林を連続的に伐採し，岩盤を掘削し，盛土で谷を埋め，土地を造成したり，工事用道路を建設すると，盛土は雨のたびに流され，土砂が沢を埋め尽くし，山を荒廃させていく。豪雨が来れば，土石流や土砂災害を引き起こすし，河川の河床に土砂がたまれば，そこはいずれ天井川となり，町で河川氾濫が起こる。土砂が海へ流入すると，近海の環境も破壊し，漁業にも影響が出てくる。山林の上部での大規模開発は，国土全体に大きな影響を及ぼすと指摘しています。

現在，全国各地で，山間部での風力発電が地域との軋轢を生んでいますが，そのいくつかをご紹介します。

●国定公園を含む八甲田山に150基の風力発電を計画～青森県～

奥羽山脈の北端に位置する八甲田山は，青森県の象徴ともいえる豊かな自然が残る場所です。この八甲田山系の国有林の尾根筋に，2市4町にわたり，1基4000～5000kW，高さ150～200m級の巨大風車が最大150基建設されるというニュースは，地元に衝撃を与えました。計画地の国有林はほとんどが保安林で，十和田八幡平国立公園の一部を含まれます。

ブナやミズナラを主体とする豊かな森林が破壊され，土砂災害や水害，水質汚染の危険性を増大させると地域に反対の声が広がり，2022年12月，青森市議会が全会一致で事業の中止を求める意見書を採択。反対運動が大きくなり，2023年6月の青森県知事選挙，青森市長選挙では，風力発電の是非が争点になり，八甲田山の風力発電に反対の立場の候補が当選しました。最終的に，青森県と計画地がある2市4町全ての首長が反対の立場を表明。2023年10月に，遂に事業者が事業の白紙撤回を表明しました。

しかし，青森県では，計画が進んでいる風力発電は多数あり，八甲田山も，再度開発計画が持ち上がっても不思議ではありません。

● 170基の風車が町を取り囲む～宮城県加美郡・大崎市風力発電郡

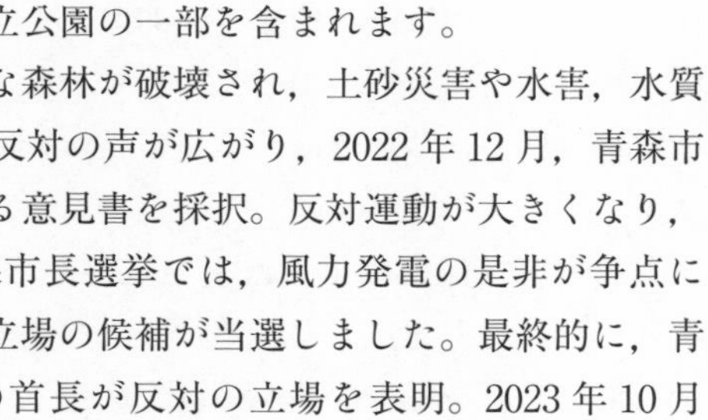

宮城県加美郡と大崎市で，山形県との県境にあたる奥羽山脈の尾根筋に，合計6つの事業が計画されています。出力4000～5000kWの風車の高さは150mから200mで，最大約170基建設されます。

計画地は，水源涵養，土砂流出防備などの保安林も多く，緑の回廊を含む国有林や宮城県や地元自治体の水源保全条例での保全地域になっています。

国有林は日本の脊梁部に位置することが多く，多様な生物の生息地であり，水源保全，土砂災害防止など重要な役割を担っていることは林野庁自身が広報していることです。それにもかかわらず，政府内の再生可能エネルギー推進の圧力に押されてか，林野庁は国有林野，保安林での風力発電を後押しするようなマニュアルを作成し，課長通達により，多様な生物の移動経路として保護してきた緑の回廊すらも風力発電のために貸し出すことを認めました。国土保全上重要な機能を有する国民の共有財産を，私的企業の利益のために破壊することを本当に林野庁は望んでいるのでしょうか。

加美郡や大崎市は，豊かな自然に恵まれ，「大崎耕土世界農業遺産」に指定された米どころとなっています。また，観光名所である鳴子温泉卿，絶滅危惧種もいる渡り鳥の越冬地などもあることから，生態系への影響，水源破壊，土砂災害の恐れ，景観破壊などが問題となり，住民の間で事業の影響への懸念が広がり，反対の声が広がっています。

立地予定の自治体では，大崎市長，栗原市長，色麻町長が反対表明をしています。

大崎市鳴子温泉卿での風力発電事業では，2023年1月，地域の反対の声に押されて，風力発電事業者が，計画を抜本的に見直すとして，縦覧し意見募集をしていた環境影響評価準備書を取り下げました。

●風力発電建設に先立つ道路建設で巨木を伐採～福井県美浜町～

福井県美浜町では，環境省の植生調査で自然度が10段階のうち9という，豊かな自然が残っている希少な場所で，3000～4000kW級の風車約20基の建設が計画されています。

計画地の尾根筋には樹齢300年以上のブナの巨木が数十本もあり，環境省の巨樹・巨木データベースにも登録されています。ブナ林には多くの希少動植物が生息

しており，特に鳥類では「種の保存法」に指定されているほど希少なイヌワシやクマタカの生息地であり，サシバ，ノスリ，ハチクマ（いずれも希少な猛禽類）の渡りの経路にもあたります。

この場所では，現在，環境アセスメントの手続中であるにもかかわらず，既に風車建設のための道路建設が始まり，巨木を含む森林が大規模に伐採されています。

道路は，表向きは「林道」とされ，事業者が地元に無償供与していますが，最新の国勢調査及び地元住人によると地元には林業に従事する人は存在しません。「林道建設」という名目であれば，風車建設のための道路が開設できてしまいます。しかも，道路の場合，一定規模にならなければ，林地開発許可も保安林解除の手続もいらない場合もあり，全国の森林での風力発電建設において，このルールが悪用されているのではないかという懸念があります。

●環境アセスに，福井県，滋賀県，環境省が不十分と指摘～余呉南越前風力発電～

滋賀県長浜市と福井県南越前の県境に広がるブナ・ミズナラ林の尾根筋に，高さ188mの風車が最大39基建設される計画があります。琵琶湖へ流れる1級河川高時川の源流に位置します。

高時川は2022年8月の豪雨で氾濫し，南越前町や長浜市でも大きな被害が出たばかりで，災害防止上重要な役割を有する源流の森林の大規模伐採に住民は不安を感じています。

また，この場所はクマタカ，イヌワシなど，希少な猛禽類や絶滅危惧種であるツキノワグマの生息地にもなっており，野生動物たちへの影響は計り知れません。

現地では，環境影響評価の手続が進んでおり，2022年に事業者から準備書が提出されました。これに対して，福井県知事は，「ブナ林や重要な動植物についての調査は不十分かつ不適切」と，事業計画の抜本的な見直しを図る必要があるとしました。滋賀県知事も，準備書について，不適切な調査があり，説明が科学的根拠に乏しく，影響か過小評価されていると指摘し，影響が回避できない場合は事業取りやめも検討すべきと意見をしました。これを受けて，環境大臣も抜本的な見直しを求める意見書を提出しました。

事業者が自費で調査会社を雇い実施する環境影響評価の仕組みの限界が明らかになっています。事業を進めたい事業者が自分たちだけで行う調査では，適切な環境影響の評価や事業の影響が大きなときに事業の撤退を含めた事業計画の変更を期待できないことが証明されるような環境アセスの事例が，全国再エネ問題連絡会の会員が関わっているものでもいくつもあります。

アセスに関しては，事業者から提出される「配慮書」「方法書」「準備書」「評価書」の図書が1カ月程度しか公開されず，しかもプリントアウトもできないという問題があります。文書の限定的な公開は，時には1000頁を超える書類を，住民らが十分に検証し，意見を言うために妨げとなっており，アセスは事業者のためだけにやっていると言われてもやむを得ない状況です。

(3)　洋上の風力発電は問題ないのか

山間部の風力発電が，地域の大きな反対にあい，行き詰まりを見せる中で，沿岸部や洋上風力発電の積極的な推進が進められています。山でなければ問題がないのかというとそうではありません。風力発電には，騒音・低周波音による健康被害という問題があり，住民とトラブルになっていることが明らかとなっており，ポルトガル・ルソフォナ大学教授　マリア・アルヴェス・ペレイラ博士など，低周波音と健康被害についての研究なども行われています。オーストラリアでも，風力発電の健康被害に関する報道があり，2017年には，オーストラリア行政不服申し立て裁判所は，風力発電の低周波音と健康被害の関連性を認める判断をしています。

日本では，環境省の平成29年12月27日付事務連絡「低周波音問題対応の手引書における参照値の取扱いについて」では，「低周波音に関する感覚については個人差が大きく，参照値以下であっても，低周波音を許容できないレベルである可能性が10％程度ではあるが残されている」とされているにも関わらず，平成29年の環境省の「風力発電施設から発する騒音についての指針」では，「風力発電施設から発生する騒音が人の健康に直接的に影響を及ぼす可能性は低い」と記載されており，「低周波は問題にしなくていい」と読めてしまい，検証や測定すらされていないことは大きな問題です。そのため，風力発電による健康被害と認められることはほぼありませんが，それでも各地で風力発電による健康被害に苦しむ住民が少なからずいます。行政や事業者に訴えても，健康被害を認めてもらえず，気のせいと言われたり，精神疾患を疑われたりするため，ほとんどの人が声をあげられないでいるのです。

そのような中で，2022年9月には，秋田県の由利本荘市とにかほ市の住民らが記者会見を開き，一部の地域住民に健康被害が出ているとして，発電事業者に夜間の運転停止を訴えました。由利本荘市周辺は，陸上に50基を超える風車が稼働しており，風車が稼働するようになって以降，頭痛，不眠，動悸などの体調不良を訴える人が出るようになりました。

今後，この地域では，洋上に（離岸距離2km～4km）65基の風車が計画中です。洋上風力発電は，陸上よりさらに大規模で1基当たりの出力が12000kW，高さは250mにもなります。ヨーロッパでは，洋上風力は，沿岸から20㎞以上離して作るのが主流と聞いています。

しかし，日本では，北海道や東北，北陸，九州などを中心に，沿岸部に近いところは1㎞内から数㎞の離岸距離で巨大な風力発電が建設されます。このまま計画が進めば，健康被害が多発する事態も発生しかねません。

沿岸部は生物多様性が高い場所でもあり，海岸から近い場所での風力発電開発が沿岸の生態系に与える影響も未知数です。

陸上の風力発電でもそうですが，現在，日本で進められようとしている大規模風力発電施設建設は，これまで，日本が経験をしたことのない新たな大規模開発で，環境や住民生活への影響は未知の部分が多くあります。影響を予測しきれない開発を，全国で一斉に進めることは，もしも環境や健康への重大な影響が出た場合計り知れない損害が出ることになります。再生可能エネルギーの推進が本当に重要だと思うなら，もっと慎重に進めるべきではないでしょうか。

豊かな自然が残る北海道や東北が，風力発電建設の草刈り場となっており，北海道では今後，陸上・洋上を合わせて3000基以上の大規模風車が建設される計画があり，風力発電に侵略されていると感じる北海道民の方もいます。

2　乱開発との戦いから見えてきた法規制の問題点

全国再エネ問題連絡会は，個々の会員が取り組む問題を検討する中で，再生エネルギー推進特措法，森林法，環境影響評価法，温暖化対策推進法などの，再生可能エネルギー開発を規制する現状の法律がいかに役に立たないかを実感し，規制の再検討が必要であることを省庁や議員，自治体に対し訴えてきました。その内容を簡単に紹介します。

(1)　森林をはじめとする自然環境及び住民の生活を破壊する再エネへの規制

森林を伐採しての再生可能エネルギー推進は，温暖化対策として本末転倒であるだけでなく，大規模な森林伐採は急峻な地形の上に，多雨な気候の日本では災害防止，水源確保という観点から大きな問題を発生させるため保安林でなくても原則として避けるべきです。現状の森林法の開発許可のあり方は根本から見直されるべきですし，開発許可に取消し規定がないことは，違法行為をしてでも既成事実を作ってしまう悪質事業者を排除できないという問題があります。また，砂防三法で危険地域と指定されても林地開発許可が下りてしまい，他法令との整合性にも配慮した統一基準が必要です。

環境影響評価法も，事業者が自ら調査して影響を評価し，事業者ができる範囲で対策をすれば足りるというセレモニー的なものになっており，大臣の意見にも強制力がなく，問題のある事業を止めたり，変更を強制することはできません。

温暖化対策推進法は促進区域を指定して，再エネ推進等の温暖化対策を進める法律ですが，本当に必要なのは再生可能エネルギーを推進してはいけない地域を明確化することで，森林での開発は原則できないようにすべきです。

(2)　住民参加の手続の強化を

法改正で変更されましたが，これまではFIT・FIP認定の段階で，地域住民への事業の説明をする機会は保障されておらず，住民は，工事が着工間近となった状態で計画を知り，事業者に開発に対する疑問をぶつけても既に行政への手続は進んでおり，何ら問題なかったと説明され，黙らされてしまうことがほとんどでした。

住民らが早い段階で事業計画の全貌を知ることができること，事業者は住民への単なる説明ではなく，住民が訴える問題点への対応策を検討するなど，住民との実質的な協議が法的な手続の中に組み込まれることが重要です。

現在でも，住民説明会は地域を極めて限定し，参加者も制限して非公開で行われることが多いですが，議事録の公表や行政担当者，専門家，自然保護団体，メディア等，多様な主体が参加できるものとすることが重要だと考えます。

(3)　FIT・FIPの転売規制や認定要件及び取締りの厳格化を

再エネ特措法については，あまりにも簡単にFIT・FIP認定を出し，その上，違法行為や不適切な行為があっても認定はなかなか取り消されないという問題があります。

そのため，認定IDがネットで高額で転売されており，国民からの賦課金で賄われる高値で電力を購入してもらえる権利が投機・投資の対象となっています。過度な利益誘導が，利益最優先の事業者をはびこらせており，認定要件も厳格化し，最後まで事業に責任を持って取り組むことができる事業者にのみ権利を与え，しかも，違法行為に対しては，認定を取り消すなど厳しい対応が必要です。

また，再生可能エネルギーには，様々な外資が参入をしていますが，自国で発電するエネルギーを外資に頼るというのはエネルギーの安全保障の観点から問題があると考えます。外資は参入できないようにすべきです。

現状は，太陽光パネルも，風車もほとんど外国製で，結局再生可能エネルギー開発は，国民の負担で外国に利益を持って行くという構造になっていないかも検討すべきではないでしょうか。

おわりに ── 自然を破壊し，地域と共生できない再エネは国を破壊する

全国で問題事例や住民とのトラブルが多発していることや，私たちの訴えも影響してか，2022年4月には，経済産業省，林野庁，環境省，国交省の4省庁が，「再生可能エネルギー発電設備の適正な導入及び管理のあり方に関する検討会」を立ち上げ，10月に提言をまとめ，それに則った規制強化が少しずつ進められてはいるようです。

この1年ほどの間に，山間部の大規模風力発電について事業の撤退が表明される事例がちらほらと出てきました。

2023年4月に，再エネ特措法の改正によりできた認定失効制度により，5万件の太陽光発電のFIT認定が失効し，その中には，全国再エネ問題連絡会の会員が開発の中止を求めていた事業もいくつかありました。

また，資源エネルギー庁は条例を含む他法令違反を行った事業者のFIT認

定取消しを以前よりしっかりとするようになったようで，2023年5月には，山梨県北杜市で，住民説明会で，住民に暴行し，暴言を投げかけた事業者のFIT認定の取消しが公表されました。

しかし，規制の強化は少しずつしか進まず，私たちが，大規模開発を止めるために格闘している状況は変わりません。私たちのもとには，今も，全国各地から，突然立ち上がった地域を脅かすメガソーラーや大規模風力発電施設の建設に直面し，頭を抱える住民からの問い合わせが後を絶ちません。

私たちは，自分たちの住む地域の自然や生活を守るために，再エネ問題に関わることになりましたが，クリーンなイメージとはかけ離れた，利益を優先し，事業が自然環境や地域に与える不利益を顧みないあまりにも理不尽な開発の実態に衝撃を受けました。

文明の発展を下支えする豊かな自然を破壊し，地域を破壊する再生可能エネルギーは，地球温暖化対策にも，エネルギー自給率の向上にも寄与しないだけでなく，国を亡ぼす愚行です。多くの人がこのことに気がつき，私たちとともに，方向転換を求めてくださることを期待しています。

3 風力発電が鳥類に与える影響とその軽減に必要な施策

浦　達也
((公財) 日本野鳥の会)

1 はじめに

人間生活のみならず，野生動植物や生態系，自然環境などに大きな影響をもたらす気候変動は，人類が直面する最大の脅威である[1]。低炭素社会の創出や気候変動対策，エネルギー自給率の向上や化石燃料調達に伴う資金流出の抑制などのため[2]，欧米や中国を中心に世界各地で再生可能エネルギーの導入が進んでいるが，その中でも風力発電の導入が各国で急速に拡大している[3]。

世界各地で風力発電の導入が進むにつれ，景観の悪化，土砂災害や水質汚濁の発生，洋上風力発電では底質や海流の変化，洗掘，微気候の変化などの影響が，また，シャドーフリッカーや騒音による人間生活や健康への影響が生じていると言われているが，風力発電の建設や運用により野生動植物や生態系に影響を及ぼすことがあることも分かってきた[22]。その例のひとつとして知られているのは，鳥類が回転する風車ブレードや支柱等に衝突し死傷する鳥両突である[23]。2001 年に国内ではじめてとなる鳥衝突の事例が発見され[24]，2003 年以降は各地でも発見されるようになった。鳥類は飛翔の際に風を利用することがあり，特に長距離を移動するような場合など，その利用空間と風車の設置に適した立地はともに良好な風が吹いている場所が多い。いいかえると，風力発電施設の設置に適した場所は高頻度で鳥類の通り道にもなっていると言える。したがって，鳥衝突は風力発電に特有の大きな課題であると考えられる。

近年の環境への関心の高まりとともに，地域住民や自然保護団体を中心に風力発電の導入計画に対する環境紛争が起こるようになってきており，都道府県の知事や地元の市町村長が導入計画に対し反対の意を示す，または計画の見直しとも取れる厳しい意見を発することも増えてきている。環境紛争は騒音など人間生活や健康への影響および景観問題を理由に生じることが多いが，上記のように風力発電の建設により鳥類が影響を受ける場合があることから，鳥類保護に関する環境紛争も盛んである[25]。国内の調査対象の59事業のうち36の風力発電事業で鳥類保護に関する環境紛争が発生しており，その36事業の中で，重複はあるがクマタカが22事業，サシバ・ハチクマ・ノスリが9事業，イヌワシが8事業，オジロワシ等が5事業と，希少猛禽類を対象としたものが多い[25]。このような環境紛争の多さを受けて，環境省は2012年に総出力10,000kW以上，2022年10月以降は50,000kW以上の風力発電事業を環境影響評価法（アセス法）で第一種事業の対象とし，環境アセスメントの実施を義務付けた。風力発電事業がアセス法の対象となって以降，計画段階環境配慮書および環境影響評価準備書に対して環境大臣意見が発出されるようになり，追加調査や評価のやり直しの必要性だけでなく，計画自体の見直しとも取れるような厳しい意見もみられるようになった。環境省によれば，自らが調査対象とした準備書92件のうち，厳しい環境大臣意見が付いたものは24件（26％）で，総出力が増加するにつれて，その割合が高かった[26]。ただし，総出力が比較的小さい事業でも厳しい環境大臣意見が付いたものがあるが，それは猛禽類（24のうち21事業）や渡り鳥（24のうち9事業）といった鳥類に関するものが多く，鳥類については出力規模に関わらず厳しい意見が出されていた[26]。

2010年頃までは鳥衝突の実態はよく分かっていなかったが，環境省やNEDOが風力発電による鳥衝突等の影響の実態把握調査や衝突防止対策の検討を行うようになった[27][28][29][30]。それらによると，猛禽類をはじめスズメ目の小鳥，カモメ科，カモ科，ハト科など多くの鳥類の種群で山地や丘陵よりも平地の海岸部に建つ風車で鳥衝突が多いこと（平地海岸部は山地や丘陵の約6倍の数の鳥衝突発生が見込まれる）が分かっている。また，一部の事業者は風車の建設後に影響調査を実施，報告することが潮流となりつつあり，オジロワシを中心に鳥衝突の実態が徐々に分かってきてきている[31]。このような状況において，風力発電施設でこれまで起こってきた鳥衝突の現状について理解を深めることは早急の課題といえ，それにより鳥類にとって風力発電が建設されると影響を受ける可能性が高い場所，または，すでに影響が起きている場所ではどのような対策をとるべきかなどを議論できるようになる。ここでは，これまでに確認された国内外の陸上風力発電における鳥類への影響事例を紹介し，今後，日本においてどのようにすれば風力発電施設の建設が鳥類におよぼす影響を減らせるかについて考えたい。

2　風力発電が鳥類に与える影響

(1)　影響の種類

風力発電が鳥類に与える影響は①鳥衝突（日本では一般的に“バードストライク”と呼ばれる），②生息地の移動・放棄（餌場の喪失など），③移動の障壁（障壁影響）の３つがある[4][5]。

(2)　鳥衝突（バードストライク）

鳥衝突は風車のブレードだけではなく，支柱や支柱の上に載るギアやモーターが入った箱型のナセル，電線や気象観測塔などの関連施設に鳥類が衝突し，死亡または死に至る可能性のある負傷，予後不良となる負傷をすることを指す[6]。鳥衝突が起こるメカニズムは明らかにされていないが，下記のようにいくつかの可能性が考えられている。

①　風車の近くを飛翔する鳥類が高速で回転するブレードを視認できないまま，風車に接近していることに気付かずに衝突してしまう。これはモーション・スミア現象と呼ばれ[7][8]，生物はものの動きが一定以上の早さになると目と脳がそれを処理できなくなるという現象に起因する。

②　鳥類の探餌時における視野の問題。猛禽類をはじめとする鳥類は飛翔時に下を向きながら集中して餌を探すことが多く，そのために風車の存在に気付くのが遅れる，または急降下時に風車の存在が目に入らなくなる可能性がある[9]。また，カモ類のように頭骨の側面に視野を持つ鳥類は，両眼でみたときの前方は視野の中央ではなく，周辺となってしまう[10]。つまり，左右それぞれの視野が重なる中心部分ではっきりとものをみることができず，飛翔方向つまり前方にある障害物への認識が妨げられてしまう可能性がある。さらに，鳥類は普段は障害物のない空間を飛んでいるため，風車などの人工物に対して知覚としての前例（経験）がなく，たとえ前を見て飛んでいたとしても障害物の存在を予測しておらず，障害物の存在を前もって把握できないという認識の問題が存在する可能性が指摘されている[10]。

③　天候等の悪条件下では風車が視認しにくい。一部を除く鳥類は夕方—夜間など周囲が暗い時間帯は視認性が低くなり，構造物への鳥衝突リスクが高まると考えられている[10]。また，風車周辺が明るくとも，霧等の気象条件下で鳥衝突リスクが高まる可能性も指摘されている[11]。

④　風車の設置により一部の鳥類に好適な採餌環境が生じ，鳥類を誘引することで鳥衝突の発生リスクが高まる。風車の設置に伴って鳥衝突が発生するとトビやカラス類が風車周辺に集まり，また，洋上風力発電では魚類の蝟集効果等により，魚食性の鳥類が採餌のために風車周辺での飛翔回数が増えることで，鳥衝突リスクも高まる可能性がある。

⑤　個体間の相互関係（インタラクション）により，鳥衝突が発生することがある。獲物を捕らえた鳥を同種または他種の個体が追いかけ，先に獲物を獲った個体が逃げ回るうちに風車の存在を忘れるか気付かずに，風車に衝突してしまう。

日本では，2001年に沖縄県においてシロガシラが風車へ衝突死したのが国内ではじめて確認された鳥衝突事例であり[24]，それ以降は研究者や地元の自然保護関係者および風車の保守点検員によって鳥衝突が発見されるようになった。日本野鳥の会が2001年以降における論文，国や民間団体による報告書や資料集，機関誌や雑誌などの国内文献から情報をまとめた結果，鳥衝突またはその可能性が高い鳥類の死体および負傷個体は，2023年3月末日までに39科87種にわたる604羽（うち外来種6羽，種不明は123羽）が確認されている。このうち，通行人や保守点検員によって偶発的に発見されたものは全体の30％程度であると推測する。鳥衝突について定量的な調査が行われるようになったのは，ある一つの例[32]を除けば2010年以降になってからであり，これまでに国内の一部の風力発電施設でしか鳥衝突の発生状況に関する調査が行われていないにもかかわらず，このように多くの鳥衝突事例が見つかっている。通行人等によって偶然発見される場合も少なくないことから，これまでに分かっている国内での鳥衝突の数は氷山の一角にすぎず，今後，定量的に鳥衝突の実態把握調査を実施していけば，さらに多くの事例が発見されると予想される。

国内で鳥衝突が多い主な鳥類の科および種はタカ科197羽（トビ94羽，オジロワシ73羽など），次いでカモメ科68羽（ウミネコ22羽，オオセグロカモメ16羽など），カラス科43羽（ハシブトガラス15羽など），カモ科28羽（カルガモ12羽など），ヒタキ科22羽（キビタキ8羽など），ハト科20羽（キジバト18羽など），ミズナギドリ科19羽（オオミズナギドリ7羽など），アビ科15羽（アビ5羽など），キジ科13羽（キジ9羽など），ホオジロ科13羽（ホオジロ7羽など）である。また，環境省レッドリストによる準絶滅危惧種を含む希少種は，先に述べたオジロワシ以外に，ヒメウ1羽，オオジシギ1羽，ウミスズメ2羽，ミサゴ9羽，オオワシ3羽，イヌワシ1羽，クマタカ1羽の鳥衝突が国内で確認されている。

海外でのバードストライクの状況について，ドイツを中心に欧州での2005年までに行われた定量的調査による事例がまとめられた文献[12]によると，風車での鳥衝突の報告事例829羽のうち，カモメ科348羽（ミツユビカモメ1羽，ユリカモメ87羽，カモメ14羽，セグロカモメ189羽，ニシセグロカモメ45羽，オオカモメ7羽など），タカ科およびハヤブサ科137羽（アカトビ43羽，トビ7羽，オジロワシ13羽，チュウヒ1羽，モンタギューチュウヒ1羽，チュウヒワシ2羽，ハイタカ2羽，オオタカ1羽，ノスリ27羽，イヌワシ1羽，ヒメクマタカ1羽，シロエリハゲワシ133羽，ヒメチョウゲンボウ3羽，チョウゲンボウ29羽，コチョウゲンボウ1羽，チゴハヤブサ1羽，ハヤブサ2羽など）となっている。カモメ科だけで全体の42％を占め，シロエリハゲワシを除くタカ科とハヤブサ科で17％，シロエリハゲワシが16％である。その他にバードストライクが多いのはカモ科42羽（ヒシクイ1羽，ハイイロガン1羽，マガン1羽，カオジロガン6羽，コブハクチョウ8羽，オオハクチョウ1羽，ツクシガモ2羽，マガモA18羽，コガモ2羽，キンクロハジロ1羽など），ホシムクドリ28羽，カラス科20羽（カササギ2羽，コクマルガラス1羽，ワタリガラス9羽，ミヤマガラス2羽，ハシボソガラス5羽など）である。ただしマガン属，コクガン属およびハクチョウ属については，別の文献[33]で欧州での鳥衝突の数をまとめており，46カ所の風力発電施設でマガン属およびコクガン属37羽，ハクチョウ属34羽の鳥衝突を報告している。また，SEO/BirdLifeというスペイン最大の自然保護団体が発行した文献[34]によると，2009年までにスペインを中心にアメリカ，カナダ，ドイツ，オランダ，英国，フランス，オーストリア，クロアチアで6654羽の鳥衝突が主に学術的調査に基づいて発見されており，スズメ目の小鳥2800羽，ハヤブサ科535羽およびハゲワシ類1021羽を含む猛禽類2358羽，ハト目448羽，カモメ科378羽，ガン・カモ・ハクチョウ・サギ類を含む水鳥228羽，キジ目92羽の鳥衝突が記録されている。これらのようにカモメ科，トビやオジロワシを含むタカ科などの猛禽類，カモメ科，カモ科，スズメ目の小鳥類，ハト目など鳥衝突が多いのは，日本と欧米で共通した傾向である。

日本と欧州で共通してバードストライクの事例がとりわけ多いタカ科の鳥類はオジロワシである。オジロワシは日本で絶滅危惧Ⅱ類，種の保存法における国内希少野生動植物種，国の天然記念物に指定されており，また，環境省の保護増殖事業の対象になっていることもあり，環境省は国内で鳥衝突の事例があるオオワシを含む海ワシ類を対象とした風力発電施設に係るバードストライク防止策ガイドラインの作成と改訂を実施している[23][31]。また，国内でオジロワシの鳥衝突の発生状況がまとめられている文献[35][36]によると，オジロワシで齢査定ができた21羽のうち幼鳥が7羽，亜成鳥が7羽，成長が7羽であり，齢でみると若い個体でバードストライクが多かった。また，時期としては越冬期（10-4月）および融雪期（4-5月）にオジロワシの鳥衝突が多く，それらで33事例のうち32例を占める。月別にみると4月が7件，1月が6件，3月が5件，12月および5月が4件というように，おもに厳冬期に多い。これまでの国内でのオジロワシの鳥衝突の事例において，同じ風車群の中でも衝突しやすい風車とそうでない風車があることが分かっている[36]。海岸からの距離が近いほど鳥衝突の発生数が多く，また，風車の位置は風車列の中で端に近いほど発生数が多いことが分かった[36]。海岸からの距離が近い風車ほど衝突数が多い理由は，オジロワシは海岸に近いほど出現頻度が高いことと関係があると考えられている[36]。また，風車の位置で列の端に近いほど鳥衝突が多い理由は，風車に気付かずに近づいた個体が回避できずに衝突してしまう可能性が考えられている[36]。また，風車列の端で鳥衝突が起きやすい要因として，風車の周辺が餌場となっている場合が考えられる。それは，飛翔する場所の地面に餌が落ちている場合，そうでない場合と比べて地面をみながら飛行している時間が長く，特に幼鳥でその傾向が強いからである[36]。地面に餌が落ちていると，幼鳥のオジロワシで最長44秒，平均で約28秒間地面を見続ける[36]。これらのことから，餌場となる場所があり，幼鳥が多く集まる，海沿いの風車で最も鳥衝突が起きるリスクが高いと考えられる。また，オジロワシが冬期に形成するねぐらの周辺に餌場が点在する場合，オジロワシはそれらの餌場を巡回するように回るが，その際の飛行高度が風車のローターと同じ程度の高さであることが多い[36]。そのこともまた，餌場の周辺に風車を建設すると，衝突リスクを高めることになると考えられる。一方，オジロワシの大きな繁殖地を有するノルウェーのスモラ島の事例では，4年半で39個体のオジロワシが風車に衝突死したが，そのうち21羽が成鳥であったことから[37]，決して成鳥が衝突しにくいということは言えず，成鳥における衝突リスクは風車周辺でのオジロワシの生息状況によって変わると考えられる。

繁殖個体群と渡りをするオジロワシの違いに着目すると，日本で風車に衝突死するオジロワシのうち半数かそれ以上は北海道で繁殖する個体である可能性が高いことが示されている[38]。また，渡り時のオジロワシの飛行高度は風車よりも高いことが多く，海を越えてきた到着点や断崖の切れ目ではオジロワシの飛行高度が下がる傾向にある[36][39]。一方で，越冬期のオジロワシは留鳥の方が風車のローターの高さを飛行する頻度が高いことを示していることから，北海道で繁殖し留鳥となっているオジロワシの方が相対的に風車への衝突リスクが高いことが示唆される[36][39]。なお，北海道で繁殖するオジロワシは大陸で繁殖するものと遺伝的に異なる可能性があることから[38]，オジロワシの繁殖個体群の保全を考える上では，風車建設は注意すべきリスクとなる。

日本で鳥衝突が起きた鳥類の種ではトビが最も多いものの，その原因の解明は試みられておらず，よく分かっていない。鳥類が風車に衝突する確率を論じる場合に衝突確率モデルが利用されるが，そうしたモデルでは，衝突確率を説明する要因として飛行行動，とりわけ飛行高度の寄与が大きい[40]。したがって，衝突の要因を解明するにはトビの飛行高度を知る必要がある。風車がない場所だが，長崎県池島近海でトビの飛行高度について調べられた例では，約70-160m（平均約110m）を飛ぶことが多く，これは風車のローター部分（30-150mを想定）と重なる高さだった[41]。また，これも風車がある場所ではないが，茨城県神栖市および千葉県銚子市では，観察例中でトビを中心としたタカ目が風車のローター部分と重なる高さ（30-100mを想定）を飛ぶ割合が32％だったとしている[42]。鳥の種類ごとにみてみるとローターの高さを飛ぶ割合が数％以下である種が多いことから[41][42][43]，この32％という数字は小さい数字ではないことが分かる。さらに，実証実験用の浮体式洋上風車がある長崎県の椛島周辺の洋上で，風車設置前に観察されたトビ107個体のうち，風車のローター部分と重なる高さを飛ぶトビは58個体と半数以上を占めた[43]。そして，風車の供用後に観察したトビ14羽のうち，10羽が風車のローター部と重なる高さを飛んでいた[44]。このように飛行高度の観点からみて，トビは風車に衝突しやすいのではないかと考えられる。さらに，トビは腐肉食性で動物の死骸などを食べるが，鳥衝突などで風車の下に鳥類の死骸が頻繁に発生する状況が生じると，トビがそれらを獲って食べるために風車周辺に頻繁に集まるようになることが想定される。そのような状況が発生すると，トビなどの腐肉食性の鳥類で鳥衝突が発生する確率が高くなると推測する。

日本でも欧州でもカモメ科の鳥類が風車へ衝突しやすいのは，トビと同様に飛行高度が関係すると考えられる。長崎県池島近海では，観察されたウミネコのうち44 %が風車のローター部分と重なる高さを飛んでいたことが報告されている[41]。また，茨城県神栖市および千葉県銚子市ではウミネコやセグロカモメを中心とするチドリ目の鳥類の観察例中13.6 %が風車のローター部分と重なる高さを飛んでおり，確率的に風車に衝突しやすいことが示唆されている[42]。さらに，長崎県の洋上で観察したセグロカモメ79個体のうち43個体が，また，カモメ科全体でみると590個体のうち199個体が風車のローター部分と重なる高さを飛んでいた[43]。そして，高度20-100mの高度をよく利用する鳥類としてはカモメ科のニシセグロカモメ，セグロカモメ，ユリカモメが多く，風車へ衝突しやすい種であることが示されている[17]。また，風車のローター部分の高さを飛ぶ確率が高いために風車への衝突率が高いカモメ科としてミツユビカモメ，ユリカモメ，カモメ，ニシセグロカモメ，セグロカモメ，オオカモメが挙げられている[40][45]。実際の風車での衝突死829羽の報告事例についても，ニシセグロカモメ45羽，セグロカモメ189羽，ユリカモメ87羽などカモメ類が占める割合が高い[12]。なお，カモメ科で風車に衝突する確率が高い理由として，カモメ科は薄明薄暮時など風車がよくみえない暗い時間帯でも頻繁に飛行し，かつ海沿いなど風の強い場所で活動することが多く，風車の近くを飛んでいる際に風に煽られて衝突してしまう可能性も示唆されている[4]。

タカ科やカモメ科の鳥類と同様で，カラス科やカモ科の鳥類も風車に近い飛行高度を飛ぶことが衝突確率の高さにつながっていると考えられる。長崎県池島近海ではハシブトガラスが約60-110m（平均約70m）での飛行が多く[41]，千葉県銚子ではカモ目の鳥類が風車のローター部分と重なる高さを飛ぶ割合がカモ目での全観察例中93.3 %を占めることが示されている[42]。また，海ガモ類については，ホンケワタガモとクロガモが飛行高度からみて，風車への衝突確率が高いことが示されている[40][45]。ただし，ガン類やハクチョウ類などカモ目の大型鳥類は，翼面積の割に体重が重く，飛翔時に空中で急な方向転換がしにくいことから，風車の回避率の低いことが衝突を起こす要因として大きいと示唆されている[5]。なお，国内でのバードストライクの事例ではヒタキ科およびホオジロ科の鳥類も多かったが，その理由についてはよく分かっていない。おそらくは渡りの時期にスズメ目の小鳥類で多く鳥衝突が起きているものと考える。

(3)　生息地の移動・放棄

風力発電の存在による鳥類の生息地放棄について示されている日本での事例は2つある。1つは，京都府丹後半島の太鼓山での例[32]，もう一つは三重県にある青山高原ウインドファームでの例[46]である。京都の例では，森林性の鳥類を対象にして，2001年11月の風車の供用開始後に，2002年と2003年の2繁殖期にわたり個体数調査を行った結果，特に2回目の繁殖期では鳥類の出現種数，個体数ともに風車から近い場所ほど有意に少なくなっていた[32]。なぜ2003年の方が出現種数，個体数が風車の近くで有意に少なかったのかは分かっていないが[32]，時間が経つほど鳥類への影響が大きくなることが一つの可能性として考えられる。三重県の例では，風車周辺を広葉樹林およびヒノキ植林地からなる2タイプの調査区と，調査区から3km離れた調査区と似た環境を対照区として，生息する鳥類の種類や数を調べた。その結果，生息する鳥類の種数，繁殖テリトリー数，1haあたりの繁殖種数のいずれも調査区の方が少なく，また，それらは広葉樹林よりヒノキ植林地の方が少ないことが分かった。さらに，風車の建設前と後を比べると，生息する鳥類の種数が建設後に半分以下になったということが示されている[46]。

風車周辺からの鳥類の生息地放棄については，日本と比べ海外の方が研究は進んでいる。欧州で風車の建設による鳥類の生息地放棄が生じた研究件数を調べた結果，繁殖期における研究297件のうち163件で風車周辺での鳥類の生息密度の低下がなかったか，むしろ高くなり，134件で密度の低下がみられ，その違いは種または種群によるものだった[12]。その中で繁殖期に密度の低下が多くみられた種はウズラ，アカアシシギ，タゲリ，マミジロノビタキといったシギ・チドリ類および草原性鳥類であった[12]。一方で生息密度が上がった種のほとんどはスズメ亜目の鳥類であった[12]。また，繁殖期の鳥類のほとんどの種群で風車による生息地放棄の状況を調べた結果，全調査対象のうち58％の鳥類の種および種群で負の影響があり，そのほとんどはガン類，マガモ属をはじめとするガン・カモ類およびシギ・チドリ類だった[4]。一方，非繁殖期の生息地放棄に関する研究件数293件のうち，167件でガン類，カモ類，シギ・チドリ類を中心に風車周辺での生息密度の低下がみられ，126件でアオサギ，チョウゲンボウ，ユリカモメ，ホシムクドリ，ハシボソガラスを中心に生息密度が高まった[12]。オジロワシについても生息地放棄の例が報告されている。ノルウェーのスモラ島ではオジロワシが風車建設後に営巣地を放棄し，つがいが消失するようになったことから，オジロワシの生息地周辺での風車の建設は避けるべきであるとされている[47]。

実際に鳥類が風車からどれだけの距離において生息地を放棄するかについてもまとめられている[12]。それによると，鳥類がいなくなってしまった範囲の直線距離，つまり風車の支柱から測った半径は，繁殖期のカモ類で平均103m（47-159m），シギ・チドリ類で平均203m（30-376m），スズメ亜目で平均65m（0-190m）だった[12]。非繁殖期ではサギ科で平均65m（0-62m），ハクチョウ類で平均150m（19-289m），ガン類で平均373m（146-559m），カモ類で平均230m（89-371m），猛禽類で平均38m（0-87m），シギ・チドリ類で平均221m（10-432m），カモメ科で平均105m（0-286m），ハト科で160m（0-335m），スズメ亜目で40m（0-112m）であった[12]。とりわけ非繁殖期のガン類，カモ類およびシギ・チドリ類で生息地放棄の距離が大きいことが分かる[12]。繁殖期に生息地放棄を起こしやすい種群も含め，生息地放棄の距離が大きい種群はカモ類，ガン類，シギ・チドリ類といった湖沼や干潟など開けた環境に生息するものが多い[12]。最近では，渡りをするトビでは供用後に風車から約674m以上離れた範囲内の生息地利用が極端に少なくなり，帆翔飛行する鳥類にとっては従来認識されていたよりも風力発電施設の影響が大きいという報告もなされている[48]。

(4)　移動の障壁（障壁影響）

国内では移動の障壁について，風車の建設前と後でどのような影響が生じたかを把握できるような調査事例はほとんどなく，それが定量的に調査された唯一の事例としては，愛媛県佐田岬半島での調査事例があるだけである[49]。この調査では，佐田岬半島にある権現山周辺に建設される風車群において，水平角および高度角を精確に測定する測量機器であるセオドライトを用いて風車の建設の前後で渡り経路が変わっているかが調べられていた。その結果，風車群の建設前は，尾根部を中心として，その裾野部分までの広い範囲をハチクマを中心とする渡り鳥が飛翔経路として利用していたが，その尾根部に風車が建設された後は，渡り鳥たちは尾根部を利用しなくなった。また，観察事例ではあるが，長崎県の生月島では風車建設前に比べて，風車建設後はナベヅルとマナヅルが風車を避けるかのように上空を高く移動するようになり，また，生月島を中継地として利用しなくなってしまったことが知られている[50]。その他，すでに風車群が建設された場所において，日本野鳥の会がレーダーで調査を行った結果，愛媛県の佐田岬半島でサシバ，ハチクマ，ノスリが秋の渡りの時期に尾根に建つ風車を避けて飛翔していること[51]，北海道の宗谷岬にある風車群でオジロワシとオオワシが秋の渡りの時期に風車のローターの高さと飛翔高度が同じになる北風（追風）の時に風車群ごと避けて飛翔していること[52]，また，未発表ではあるが福井県の北潟湖の北部に隣接する風車群で冬季ねぐらと餌場の間を毎日往復する時に通過するマガンで移動の障壁が発生していることを確認している。

海外でも，移動の障壁に関する研究について，特に陸上風力発電施設に関しては，衝突や生息地放棄に関する研究と比べてもあまり進んでいない。それは，移動の障壁の問題についてとりわけ指摘されるようになったのは，洋上風力発電が始まりだからである。また，日本では宗谷岬などは除き，ほとんどの陸上風車は鳥類の渡り経路に対して平行に建っていることから，大規模な移動の障壁が生じにくいと考えられており，ほとんど議論に上らない。

欧州の風車における移動の障壁の有無について，種群でみると統計的に有意に移動の障壁が生じているのはガン類と猛禽類，有意には生じていないのはカモ科，チドリ科，シギ科，カモメ科，ハト科であるとされている[12]。また，種ごとにみて有意に移動の障壁が生じていないのはカワウ，アオサギ，ノスリ，タゲリ，セグロカモメとユリカモメである[12]。ただし，こういった移動の障壁が鳥類の個体群へどのような影響を与えるかについては，その定量化手法がまだ定着していないためによく分かっていない[13]。一方，実際に渡り時に鳥類が利用する体内エネルギーの消費量を計算した結果，迂回により余計に必要となるエネルギーは小さいという研究もある[13]。そのため，移動の障壁の影響は渡りの時期よりも繁殖期や越冬期に営巣地や塒などの生息地と採餌場所を結ぶ場所に風車が建設され，日常的に風車を回避する行動に迫られるようなときに大きくなると考えられる[14]。また，渡りの時期については，鳥類の渡り経路上にたくさんの風車が建ち，それらを順々に迂回していくことで，やがてその迂回距離が膨大になるという累積的影響が生じる場合には，深刻な問題となることが指摘されている[5]。

3　風力発電による鳥類への影響を減らすために

(1)　累積的環境影響評価の実施の必要性

風力発電と鳥類に関する累積的環境影響評価（累積評価）とは，複数の風力発電施設からそれぞれに鳥衝突や生息地放棄，移動の障壁などの影響を受ける場合，その累積的な影響に対して評価を行うことである。例えば，ある渡り鳥が一つの風車群を避けて渡りルートが多少変わるだけではその鳥類の個体群に影響を与えないものの，近隣にある複数の風車群を避けることにより渡りルートが大きく変わることで飛翔エネルギーの消費が多大になり，やがて個体や個体群の生存や存続に影響を与える可能性が想定される。このような影響を評価するには，風力発電所または事業者ごとに個別に環境影響評価（アセス）を実施して，発電所ごとに評価結果を出すだけでなく，その個体や個体群の渡りルートに関わるすべての発電所から受ける影響を加算的に評価する必要がある[14]。しかし，米国，カナダ，オランダ，イングランドなどと違い[53]，日本の現行のアセス法においては個別の事業ごとにしか影響が評価されず，鳥類の渡りや移動ルート上に次々と建設される可能性がある風力発電所による鳥類の鳥衝突や生息地放棄，障壁影響などの累積的リスクが，個別の事業ごとによる評価またはその積み重ねよりも深刻な状況を鳥類にもたらすとしても，評価されないという状況である。一方で，風力発電事業において，計画段階環境配慮書（配慮書）や環境影響評価準備書（準備書）に対する環境大臣意見の中で，累積的影響を考慮してアセスを行うこと，という意見がみられることがあるが，環境省が事業者に対して，どのようにして累積評価を行うべきかの指針等は示しておらず，実際には事業者は累積評価の実施方法が分からないという状況である。そのため，政府や環境省は早急に海外に学ぶなどして，累積評価のあり方を国内に示すべきである。

なお，累積評価の対象とすべき鳥類の種は，

・鳥獣保護区，ラムサール条約登録湿地などの指定根拠となっている種。
・法的に保護されている種，国や都道府県のレッドリストに掲載されている種。
・繁殖鳥，渡り鳥，越冬鳥の種を含め，調査地域内の個体群が常に国の個体群の１％を超える種。
・風力発電に対して脆弱性が高い，または脆弱だと想定される種。
・専門家の判断。

・自然保護団体による知見。

とされている[15]。また，意味のある累積評価とは，潜在する重要な影響を評価することであり，起こりうるすべての影響を総合的に列挙することではなく，

・不確実な評価や管理のプロセスを透明化すること。
・重要性の評価において，専門家の判断が持つ役割を明確に認識すること。
・一定の質が保たれていると関係者が認めた，十分なデータ。
・適切な場面，時期にしめされた定義。
・データや結果を迅速に共有するために必要となる，現在・過去・未来における事業のデータと影響を共同解析できる手法。
・注意を要する環境や影響に対して脆弱な種や環境について，総合的・累積的に影響を評価し，潜在的な傾向も加味すること。
・十分な情報が利用できるように，将来的に予測できるすべての事業を確認すること。
・許容できるものの限界（例：生態学上の閾値や上限）を確認すること。また，予防原則を用いて，耐えうる限界に対する総合的・累積的影響を比較すること。
・許容できる時間枠内で，意思決定のための確かな根拠として，結果から導き出される情報を使うこと。

とされている[54]。また，累積評価のアプローチ手法は，

・定性的記述：複数の地域にまたがる生息地を基準とし，科学的データを用いず定性的なデータや記載事項を用いて影響を評価。
・単純加算モデル：複数の生息地にまたがって立地（サイト）ベースの影響を定量化。
・単純個体群動態モデル：生息地基準の影響（単純加算）を，複数の生息地にまたがる個体群レベルの影響へ導く，基本的な個体群動態モデルへ変換。
・複合的個体群動態モデル：単純個体群動態モデルに，生息地に固有のパラメーター（変数）とアウトプット，密度依存性，分散性，ソース・シンク情報およびメタ個体群動態など，追加的で詳細なパラメーターが必要となる，より複合的な個体群動態モデル。
・個体ベースモデル：個体群レベルへの影響を予測するために，個々の時間

ステップにおけるモデル領域内での全ての個体の誕生，死亡および行動を追跡するなどして個体行動反応をモデル化。

の5つのモデルとされている[55]。これらの中で日本でも行える累積評価は，個体群に関するデータが比較的揃う一部の種を除き多くは，定性的記述および単純加算モデルまでと考える。

日本で洋上風力発電に対する脆弱性が高い鳥類の種は種脆弱性指標が高い順にオオジロワシ，オオワシ，コウノトリ，チュウヒ，タンチョウ，シマアオジ，クマタカ，ヒシクイ，ハヤブサ，マガンなどであり[56]，これらの種の生息地で複数の風力発電事業が計画される際には，累積評価の実施は不可欠になると考える。

(2)　風力発電に対して脆弱および希少な鳥類の生息に配慮したゾーニングの実施やセンシティビティマップの活用

風力発電が鳥類に与える影響やその評価が十分にできていない状況でなるべく鳥類に影響を与えないように発電所を建設するには，鳥衝突や生息地放棄，障壁影響などの影響が発生する場所や程度を想定して，それらが生じる恐れのある場所や環境から離隔した場所に風車を設置するなどの対応が重要である[16]。それにはゾーニングやセンシティビティマップの活用が有効となる。なお，センシティビティマップはアボイドマップ，またはリスクマップとも呼ばれる。日本でセンシティビティマップが鳥類への有効な影響回避・低減策となるには，事業者による配慮書，または，遅くとも方法書の作成より前の段階で絶滅危惧種等の重要種および風力発電所の建設に対し脆弱な鳥類の生息状況を調査し，予防的な目的で作成されたマップが活用される必要がある。風力発電と鳥類のセンシティビティマップは専門家へのヒアリング調査，鳥類の個体数や分布などを調べるセンサス調査，渡り鳥や猛禽類の空間飛翔状況調査，テレメテトリー調査等の結果に対し，作成または海外文献から引用した種脆弱性指標を当てはめることで作成できるが[56][57]，近年は，実データを使って，データがない場所での影響を予測するようなマップも開発されるようになっている[58]。

日本ではすでに，環境省が既存情報に加えセンサス調査やレーダー調査および専門家ヒアリング等の結果から作成し，2018年に公表した全国レベルのマップがあるが，マップの精度がそれほど高くないこと，また，スコットランド，アイルランド，ブルガリアとは違い[57]，日本では事業者や自治体が風力発電の立地選定でそれを利用すべきであるという法的な根拠や義務または行政機関からの強い指導，およびアイルランドのような事業者による高い意識[57]が存在しないため，事業者等による活用は進んでいない。

アセスにかかる費用は事業者が負担しているが，その負担を事業者だけに負わせるのではなく，風力発電の導入拡大と同時に鳥類の生息や生態系を守れるように政府が主導してセンシティビティマップ作りやゾーニングに資する情報を整備，蓄積することが，結局は風力発電導入の迅速化に繋がる[18]。実際にイギリスではゾーニングを用いた戦略的環境影響評価（SEA）が，事業者による影響評価にかかる時間の短縮と費用削減に役立っているという[18]。これらのことから考えると，センシティビティマップやゾーニングは，事業者にとっても自然保護側にとっても有用なものであり，風車建設の是非に係る利害関係者間の合意形成を図っていくうえでも重要な役割を果たすため，今後，風車の建設が集中すると予想される地域および地球温暖化対策推進法に基づく促進区域が指定される可能性が高い地域からでも，鳥類等の環境情報の収集に自然保護団体など民間の力を借りながら，政府や都道府県，または市町村などの行政機関はマッピングおよびゾーニングを始めるべきである。

(3)　事後調査の実施の義務化とそのあり方

改正アセス法においては，事業者が風力発電所の建設後に事後調査を行うことは努力義務であり，行わなくても法律違反として罰則その他の法的制裁を受けない（代替的作為義務，または不作為義務）。事業者が事後調査を行うのは，鳥類等の環境に対して予測される影響を低減するための環境保全措置を事業者が準備書等に記載した場合，または環境大臣が準備書に対する意見で事後調査を実施，または事後調査報告書の作成を勧告している場合のみである[19]。つまり，すべての事業において，事後調査の実施，報告が義務付けられていないことから，日本では実際にいつ，どこで，どのような鳥類に風車による鳥衝突や生息地放棄，障壁影響が生じているかは，よく分からないままになってしまう恐れがある。

カナダ，イタリア，中国，韓国，オランダなど海外では事後調査の実施とその結果の公表を事業者に義務付けている国があり[20]，それらを含む国では，実際に起きた事後の影響の知見に基づいて，風車の建設により影響を受ける可能性がある鳥類の生息地を立地選定の段階で計画地から外すよう，行政側が事業者に指示する場合がある。国内で風力発電所の建設計画対象となった地域では，主に地元または全国規模の自然保護団体が，風車による鳥衝突や生息地放棄などの海外事例を示しながら，予防原則に基づいて，建設計画そのものや立地選定，風車の配置などの見直しを求めることが多い。しかし，その海外事例はすべてそのまま国内の状況に当てはまる訳ではなく，事業者も当然にそのことを指摘するため，保護側と事業者側の議論がかみ合わないことがある。したがって，国内で風力発電所の建設後に実際に起きた影響などのデータに基づいて議論を進める必要があるが，そのためには，まず，事後調査の実施とその結果の公開を法的に義務付け，実際にいつ，どこで，どのような鳥が風車による衝突や生息地放棄などの影響を受けるのか情報を蓄積していかなければならない。

鳥類の分布，行動，繁殖成績，あるいは個体数は自然に起こりうる環境変動にともなっても変化する。発電所の建設により発生する鳥類の種や個体群の絶滅リスクを予測評価するためには，こうした自然の変動と事業実施による影響を区別する必要がある。それにはBACI法やBAGデザインが有効である。BACI法は事前・事後・対照区影響評価（Before and After /Control and Impact）のことであり，風力発電所の建設前と建設後の状況を建設場所（影響が生じると推測される場所）だけでなく，影響の及ばない対照地点においても同様に調査し，比較するものである。調査結果からかなり正確に前後比較はできるが，対照地点は影響が生じる場所から遠くに離れた海域を選ぶ必要があり，わが国ではあまり現実的ではない。そのため最近は，主に洋上風力発電事業向けであると考えるが，BAG法（事前・事後影響傾斜評価／Before and After Gradient）の実施が推奨されているようである[21]。BAG法では影響の発生予測場所の中心点からの距離に応じた影響の度合いの変化を事前と事後で比較する。この方法では対照地点を必要とせず，影響の空間的な広がりとその経時的変化を直接評価することができる。

風力発電施設の建設による鳥類の衝突数を把握するために，2000年代にデンマークで建てられた風車の基部にあるのプラットフォームにTADS（動物熱感知システム）や高感度カメラが据付けられ，鳥類の風車ローターやタワーへの衝突の有無がモニタリングされていた。しかし，これらのシステムは画角が狭く撮影範囲が狭いこと，また，画像の解像度が低く鳥類の種の識別が困難なことなどから，現在はこれらのシステムを導入する事業者は多くない。近年はレーダーによる監視システムの開発が進んでおり，導入する事業者が欧州で増えている。その中でもっとも進んでいると考えられるのは，イギリスのORJIPが開発した2種類のレーダー（捕捉用レーダーと追跡用レーダー）と監視カメラを組み合わせたモニタリングシステムである。このシステムにより，洋上風力施設周辺での鳥類の飛翔状況だけでなく，風車ブレード等への衝突または直前での回避の状況などをこれまでより詳細に記録することができる。また，風車の緊急停止システムと連動させることも可能であり，風車ローターから一定の距離の空間に鳥類が侵入した場合に，5秒程度で自動的に風車の稼働を停止ですることもできる。しかし，このシステムで使われているレーダーのバンドは，日本では軍事用または人工衛星との通信用など一部でしか使用が認められておらず，現状では一事業者が洋上風車に据付けて運用することができない。そのため，日本では同様のレーダーシステムを新たに開発するか，このシステムを使用できるように電波法等の整備を行う必要がある。なお，風力発電所周辺の鳥類の飛翔状況を把握することが目的であれば，オランダのロビンレーダー社が開発した3次元レーダーシステムも有効であるが，ORJIPのシステムと同様に，このままでは日本で使用することはできない。

(4)　その他，必要と考える政策や法律

①　絶滅のおそれのある野生動植物の種の保存に関する法律（種の保存法）について

1）罰則規定を強化する必要性

種の保存法は，国内に生息・生育する，又は，外国産の希少な野生生物を保全するために必要な措置を定める法律で，レッドリストに掲載されている絶滅のおそれのある種（絶滅危惧I類，II類）のうち，人為の影響により生息・生育状況に支障をきしているものの中から，国内希少野生動植物種（国内希少種）を指定し，個体の取り扱い規制，生息地の保護，保護増殖事業の実施など保全のために必要な措置を講じるものである[59]。しかし，日本の種の保存法は捕獲や流通規制など濫獲防止の機能は強いものの，希少種保全に必要な生息地または個体の保護には有効に機能してないと考える。種の保存法のモデルとなっている米国のEndangered Species Act（ESA）では，連邦政府は指定種の生存を危うくする行為（生死を問わず米国内での捕獲等（損傷，狩猟，銃撃，殺傷，ワナ，捕獲，採取)）を原則禁じており[60]，もし事業主が行う行為がESAに抵触すると，事業主は国に対して多額の罰金を払うなど，厳しく処罰される。このことは，英国のWildlife and Countryside Act（WCA）も同様で，英国ではWCAによりすべての鳥類の巣および卵が保護対象となっており，一定の例外を除き，

・故意に野鳥を殺す，傷つける，または持ち去ること。
・野鳥の巣を使用中または建設中に，故意にその巣を奪ったり，損壊したり，破壊すること。
・野鳥の卵を故意に持ち去ったり，破壊したりすること。

は犯罪であるとされ，WCAに違反すると1羽の鳥，巣，または卵について無制限の罰金，6ヶ月以下の禁固刑，またはその両方が科されることになる[61]。

欧米にはこういった法律があることで，風力発電事業者は指定種の生息場所やその近傍に風力発電所を建設したがらない。行政機関や地域住民，自然保護団体がそこに風車を建てると指定種が死傷する恐れがあると言っているにもかかわらず，影響は軽微とするなど安易な影響評価をもって風車を建ててみたら鳥衝突が起きた，といったことがあると，莫大な罰金を支払わなければならなくなるからである(浦 私信)。日本でも国内希少種となっている鳥類の生息・生育地に鳥衝突や繁殖阻害などの影響を与えた行為者（事業主）に対する罰則を強化することで，国内希少種の生息・生育地またはその隣接地に事業主は無理に風力発電等の開発事業計画を立案しなくなると考える。

2）国内希少種の生息・生育地に風車建設除外距離を設定する必要性

環境省が発行する改訂版・海ワシ類の風力発電施設バードストライク防止策の検討・実施の手引き[31]では，風車の建設についてオジロワシの営巣地から1kmは原則回避することになった。これを法的義務化し，また，他の国内希少種にも対象を広げることで，希少種の生息・生育地を保護すべきと考える。

②　環境団体訴訟制度の導入

国内希少種等の希少動物の生息・生育を風車建設から守るには，環境法に係る違反行為を自然保護団体が行為者を裁判に訴えることができるようにすることが必要である。それには，環境法に違反する行為を自然保護団体が裁判で訴えることができる「環境団体訴訟制度」を創設し，環境問題における参加原則

（情報アクセス，決定への参加，司法アクセス）を条約化した「オーフス条約」のような制度を日本にも導入することで，事業主は環境の良い場所に無理に事業計画を立案しなくなると考える。国内希少種の生息地など環境の良い場所に風車を建てようとすると，事業者またはそれを認可した行政機関が市民や自然保護団体から訴えられ，裁判になるリスクが増大するからである（浦 私信）。実際にドイツではそのような例が頻発したことから，地方の行政機関がゾーニングの中で自然環境の良い場所を風車建設除外区域に指定するようになったという歴史がある（浦 私信）。

③　手続き終了後のアセス図書の保存と公開を義務付ける必要性

今後，風力発電施設の建設による影響を受ける環境や場所がどのようなものかを予測し，自然環境保全上有効な立地選定を行っていくためには，アセス図書を公文書と同等の扱いをする必要があると考える。アセス法第１条は，その目的を「現在及び将来の国民の健康で文化的な生活の確保に資すること」としている。手続後の事情の変化により想定できていなかった環境影響が生じる可能性があるが，それは，工事期間だけではなく，風力発電事業の対象となった施設等が利用されている間は常に存在し得る。そのため，アセス図書は事後的に点検・評価される必要性があることから，何時でも，誰でもが手続き終了後の環境アセス図書を二次利用できるようにすべきである。

④　簡易アセスメント制度の導入の必要性

現在，環境影響評価法でのアセス実施の規模要件で第一種事業となるのは出力５万 kW 以上の計画であるが，すべての開発行為に対し簡易アセスメントを実施することで，規模が小さくても環境等に影響を与える可能性がある事業計画でアセスを実施させることができる。

(5)　おわりに

今後，風力発電の普及が鳥類をはじめとした野生動植物の生息を脅かすことは，クリーンエネルギーとしてあるべき姿ではない。生物多様性国家戦略2012-2020では，日本の生物多様性の第４の危機として“地球温暖化”を掲げているが，それは我々の暮らしを支える生物多様性の基盤を根幹から破壊する可能性があり，現代における日本の自然環境にとっての最大の危機であるといえる。しかしながら，その解決のための風力発電など自然エネルギーが，その国家戦略でいう生物多様性への第1の危機（人間活動や開発による生物多様性への負の影響）になってはならないのである。鳥類は生態系の中では高次捕食者であり，その鳥類に重大な影響があるということはすなわち，周辺地域の生物多様性全体にも大きな影響が出る可能性がある。風力発電所を建設すれば必ず鳥類に深刻な影響が出るという訳ではないが，深刻な影響が出てしまってからでは遅いのである。現状ではまず，予防原則に基づき鳥類の重要な生息地での風力発電所の建設を避けること，そして，事後調査を積み重ね，どのような状況で鳥類が風車建設の影響を受けるのか，という知見を蓄積していくことで，鳥類の生息および生物多様性との両立が図られた風力発電が普及すると期待される。

参考文献

[1] 環境省．2021. 気候変動に関する政府間パネル（IPCC）第6次評価報告書第1作業部会報告書（自然科学的根拠）政策決定者向け要約（SPM）の概要（ヘッドライン・ステートメント）。https://www.env.go.jp/content/900501857.pdf, 2023年2月23日確認

[2] 経済産業省．2021．第6次エネルギー基本計画．https://www.meti.go.jp/press/2021/10/20211022005/20211022005-1.pdf, 2023年2月23日確認

[3] GLOBAL WIND ENERGY COUNCIL. 2022. GLOBAL WIND REPORT 2022

[4] Rydell J., Engström H., Hedenström A., Larsen J. K., Pettersson J., Green M. 2012. The effect of wind power on birds and bats -A synthesis（Report6511）. Swedish Environmental Protection Agency

[5] Gove B., Langston R. H. W., McCluskie A. Pullan J.D., Scrase I. 2013. Wind farms and birds: an updated analysis of the effects of wind farms on birds, and best practice guidance on integrated planning and impact assessment. Royal Society of Protection for Birds and BirdLife International

[6] Drewitt A. L., Langston R.H.W. 2006. Assessing of the impacts of wind farms on birds. Ibis 148（1）: 29-42

[7] Hodos W. 2003. Minimization of Motion Smear: Reducing Avian Collisions with Wind Turbines（NPEL/SR-500-33249）. National Renewable Energy Laboratory, Maryland

[8] 環境省．2011. 鳥類等に関する風力発電施設立地適正化のための手引き．環境省自然環境局野生生物課，東京

[9] Smallwood K.S., Thelander C.G. 2004. Developing methods to reduce bird mortality in the Altamont Pass Wind Resource Area -FINAL REPORT- PIER-EA Contract No. 500-01-019. BioResource Cnsultants, CA

[10] Martin G.R.. 2011. Understanding bird collisions with man-made objects: a sensory ecology approach. Ibis 153（2）: 239-254

[11] Langston R. H. W., Pullan J. D. 2003. Windfarms and Birds: An analysis of effects of windfarms on birds, and guidance on environmental assessment criteria and site selection issues. The Directorate of Culture and of Cultural and Natural Heritage, UK
[12] Hötker H, Thomsen K. M., Jeromin H. 2006. Impacts on biodiversity of exploitation of renewable energy resources: the example of birds and batsfacts, gaps in knowledge, demands of further research, and ornithological guidelines for the development of renewable energy expoloitation. Michael-Otto-Institut im NABU, Bergenhusen
[13] Masden E.A., Fox A.D., Furness R.W., Bullman R. and Haydon D.T. 2009. Cumulative impact assessments and bird/wind farm interactions: developing a conceptual framework. Environmental Impact Assessment Review 30（1）: 1-7
[14] Masden E.A., Haydon D.T., Fox A.D. and Furness R.W. 2010. Barriers to movement: Modeling energetic costs of avoiding marine wind farms amongst breeding seabirds. Marine Pollution Bulletin 60（7）: 1085-1091
[15] King S., Maclean I.M., Norman T., Prior A. 2009. Developing guidance on ornithological cumulative impact assessment for offshore wind farm developers. COWRIE, London
[16] 浦達也．2015．風力発電が鳥類に与える影響の国内事例．Strix 31: 3-30
[17] Garthe S., Hüppop O. 2004. Scaling possible adverse effects of marine wind farms on seabirds: developing and applying a vulnerability index. Journal of Applied Ecology 41（4）: 724-734
[18] 松本真由美．2014. 生物多様性との両立を図る風力発電の開発―クリーンエネルギーとしての社会的受容性と地域振興―．日本風力エネルギー学会誌 38（1）：24-28
[19] 環境省．環境影響評価情報支援ネットワーク〈http://www.env.go.jp/policy/assess/〉．環境省総合環境政策局，東京．（2023 年 2 月 28 日確認）
[20] 環境省．2005．諸外国の環境影響評価制度調査報告書〈http://assess.env.go.jp/files/0_db/seika/0104_01/12.pdf〉．環境省総合環境政策局，東京
[21] Marques A.T., Batalha H., Bernardino J. 2021. Bird Displacement by Wind Turbines: Assessing Current Knowledge and Recommendations for Future Studies. Birds 2（4）: 460-475
[22] Perrow M.R. 2017. Wildlife and Wind Farms, Conflicts and Solutions Volume 1 Onshore: Potential Effects. Pelagic Publishing, Exeter
[23] 環境省．2014. 平成 25 年度海ワシ類における風力発電施設に係るバードストライク防止策検討委託業務報告書
[24] 日本野鳥の会．2008. 野鳥と風力発電・ワークショップ記録集．公益財団法人日本野鳥の会，東京
[25] 畦地啓太・堀周太郎・錦澤滋雄・村山武彦．2014. 風力発電事業の計画段階における環境紛争の発生要因．エネルギー資源 35（2）：11-22
[26] 環境省．「第 2 回・再生可能エネルギーの適正な導入に向けた環境影響評価のあり方に関する検討会」資料 2：風力発電所の環境影響評価のあり方の検討に係る 論点整理の視点に関連する情報．http://assess.env.go.jp/files/0_db/contents/0021_03/siryou_02.pdf
[27] 株式会社応用生物．2013. 平成 24 年度風力発電施設における供用後の鳥類等への環境

影響実態把握調査委託業務報告書
[28]　いであ株式会社．2014. 平成 26 年風力発電施設における供用後の鳥類等への環境影響実態把握調査委託業務報告書
[29]　国立研究開発法人 新エネルギー・産業技術総合開発機構．2018. 既設風力発電施設等における環境影響実態把握Ⅰ報告書
[30]　国立研究開発法人 新エネルギー・産業技術総合開発機構．2018. 既設風力発電施設等における環境影響実態把握Ⅱ報告書
[31]　環境省．2022．海ワシ類の風力発電施設 バードストライク防止策の 検討・実施手引き（改定版）
[32]　中津弘．2004. 丹後半島太鼓山風力発電所が鳥類に与える影響．日本鳥学会 2004 年度大会口頭発表要旨
[33]　Rees E. C. 2012. Impacts of wind farms on swans and geese: A Review. Wildfowl, 62: 37-72
[34]　公益財団法人 日本野鳥の会．2016．野鳥保護資料集第 30 集 これからの風力発電と環境影響評価 – 再生可能エネルギーの導入と生物多様性保全の両立を目指して
[35]　白木彩子．2013. 風力発電施設による鳥類への環境評価．北海道の自然 51. pp.19-30.
[36]　環境省．2016. 平成 27 年度海ワシ類における風力発電施設に係るバードストライク防止策検討委託業務報告書
[37]　May R., Hoel, P.L., Langston R.H.W., Dahl E.L., Bevanger K., Reitan O., Nygård T., Pedersen H.C., Røskaft E. & Stokke B.G. 2010. Collision risk in White-tailed eagles. Modelling collision risk using vantage point observations in Smøla wind-power plant. -NINA Report 639, NINA, Trondheim
[38]　白木彩子．2012．北海道におけるオジロワシ Haliaeetus albicilla の風力発電用風車への衝突事故の現状．保全生態学研究 17（1）：97-106
[39]　植田睦之・福田佳弘・高田令子．2010. オジロワシおよびオオワシの飛行行動の違い．Bird Research 5: A43-A52
[40]　Alison J., Aonghais S.C.P.C, Lucy J.W., Elizabeth M.H. & Nail H.K.B. 2014. Modelling flight heights of marine birds to more accurately assess collision risk with offshore wind turbines. Journal of Applied Ecology 51: 31-41
[41]　植田睦之・馬田勝義・三田長久．2011. 長崎県池島近海における鳥類の飛行高度．Bird Research 7: S9-S13
[42]　北村　亘．2014. 風力発電施設に衝突しやすい高度を飛翔する鳥類の分類群の傾向．東京都市大学横浜キャンパス紀要第一号．東京都市大学環境学部，横浜市
[43]　戸田建設．2014. 平成 23 年度浮体式洋上風力発電実証事業委託業務成果報告書．戸田建設（株)，東京
[44]　戸田建設．2015. 平成 26 年度浮体式洋上風力発電実証事業委託業務成果報告書．戸田建設（株), 東京
[45]　Aonghais S. C. P. C, Alison J., Lucy J. W. & Niall H.K. B. 2012. A review of flight heights and avoidance rates of birds in relation to offshore wind farms: Strategic Ornithological Support Service Project SOSS-02. British Trust for Ornithology, Thetford
[46]　武田恵世．2013. 風力発電機の鳥類の繁殖期の生息密度への影響．日本生態学会誌 62（2）：135-142

[47]　Nygård T., Bevanger K., Dahl E. L., Flagstad Ø., Follestad A., Hoel P. H., May R. & Reitan O. 2010. A study of White-tailed Eagle movements and mortality at a wind farm in Norway. In: BOU Proceedings—Climate Change and Birds. http://www.bou.org.uk/bouproc-net/ccb/nygard-etal.pdf

[48]　Marques AT, Santos CD, Hanssen F, Muñoz AR, Onrubia A, Wikelski M, Moreira F, Palmeirim JM, Silva JP. 2020. Wind turbines cause functional habitat loss for migratory soaring birds. Journal of Animal Ecology, 89: 93-103. https://doi.org/10.1111/1365-2656.12961

[49]　竹岳秀陽・向井正行．2004. セオドライトを用いた風力発電所設置前後の渡り鳥の経路比較．風力エネルギー 28（3）：18-22

[50]　鴨川誠．2005a. 自然環境問題を考えるⅠ—風力発電の鳥類に与える影響—．長崎県生物学会誌 59：48-53

[51]　（公財）日本野鳥の会．2015．野鳥 2015 年 1 月号：21

[52]　（公財）日本野鳥の会．2015．野鳥 2015 年 2・3 月号：25

[53]　野原精一．2014.「戦略的環境アセスメント」Strategic Environment Assessment. 国立環境研究所ニュース Vol.32 No.5；8-9

[54]　King S., Maclean I., Norman T., Prior A. 2009. Developing Guidance on Ornithological Cumulative Impact Assessment for Offshore Wind Farm developers（by COWRIE Ltd.）

[55]　Humphreys, E.M., Masden, E.A., Cook, A.S.C.P. and Pearce-Higgins, J.W. 2016. Review of Cumulative Impact Assessments in the context of the onshore wind farm industry（by Scottish Windfarm Bird Steering Group）

[56]　浦　達也・長谷部　真・吉崎真司・北村　亘．2021．陸上風力発電に対する鳥類の高精度な脆弱性マップ作成の実践—北海道北部地域における事例：手法調査，体制構築，対象種選択，データ収集，マップ作成．保全生態学研究（2021 年 4 月 20 日早期公開）

[57]　関島恒夫・浦　達也・赤坂卓美・風間健太郎・河口洋一・綿貫　豊．2023．鳥類に対する風力発電施設の影響を未然に防ぐセンシティビティマップとその活用方法．保全生態学研究（2023 年 4 月 30 日早期公開）

[58]　（公財）日本野鳥の会．2017．野鳥保護資料集第 31 集　野鳥と風力発電のセンシティビティマップ—その作成と活用事例

[59]　環境省．種の保存法の概要．https://www.env.go.jp/nature/kisho/hozen/hozonho.html

[60]　環境省．米国の種の保存法（Endangered Species Act）による国内の絶滅危惧種保全の概要．https://www.env.go.jp/nature/yasei/tenken/final3EPDF/sankousiryou2.pdf

[61]　The Royal Society for the Protection of Birds（RSPB）．The Wildlife and Countryside Act 198. https://www.rspb.org.uk/birds-and-wildlife/advice/wildlife-and-the-law/wildlife-and-countryside-act/

第4章

■ パネルディスカッション ■

地域社会の理解を得た再エネの促進方策はどうあるべきか

パネルディスカッション

メガソーラー及び大規模風力が自然環境及び地域に及ぼす影響と対策
── 再生可能エネルギーと自然環境及び地域の生活環境との両立を目指して

〈パネリスト〉
北村　喜宣（上智大学教授）
茅野　恒秀（信州大学准教授）
浦　　達也（日本野鳥の会主任研究員）
小島　延夫（日弁連公害対策・環境保全委員会委員）
〈コーディネーター〉**室谷　悠子**（日弁連公害対策・環境保全委員会委員）

室谷　パネルディスカッションを始めるにあたり最初に，パネリストの皆様の自己紹介をお願いいたします。

北村　上智大学大学院法学研究科長しております，北村喜宣と申します。大学では，環境法政策，廃棄物リサイクル法，それから自治体環境法などの科目を教えております。

茅野　信州大学人文学部の茅野恒秀と申します。環境社会学を専門といたしまして，自然保護問題と環境エネルギー政策，この二つを主要な研究対象としてまいりました。

浦　日本野鳥の会の自然保護室で主任研究員を務めさせていただいている，浦と申します。野鳥の会では，風力発電や太陽光発電が鳥類に与える影響についての研究の他に，絶滅危惧種の保護の担当をしています。

小島　弁護士の小島延夫と申します。私は，アメリカ合衆国やドイツで自然保護法制がどのように機能しているかを視察してきたこともあります。また，私の住まいのそばの埼玉県日高市や小川町でメガソーラー問題が起きており，日弁連の意見書のとりまとめにも関与しましたので，法的論点を含め議論したいと思っております。

室谷　最後になりましたが，私は日弁連公害対策・環境保全委員特別委嘱委員をしております。また，一般財団法人日本熊森協会会長，全国再エネ問題連絡会の共同代表も務めております。

1 メガソーラー，メガ風力が環境に与える影響について

（1） 環境への影響の全体像とその原因について

室谷 それでは，ディスカッションを始めていきたいと思います。全国各地におけるメガソーラー及び大規模風力建設に伴う被害の発生が多発しています。一方で，再生可能エネルギーの一層の推進が求められる中で，自然保護，生活環境の保全との両立をいかにして図るか，多角的に議論していきたいと思います。

最初に，メガソーラー，大規模風力の環境への影響についての認識をお伺いします。まず茅野さん，お願いいたします。

■地域社会の観点から

茅野 私は長野県に在住，在勤をしておりまして，太陽光発電の問題が一番起こっている地域になっております。その中で，再エネの推進も取り組みながら規制のあり方を考えてきた，そのような人間になります。

まず，再エネと地域社会でどのような問題が構造的に起こっているかについては特にメガソーラー問題で言うと主に3点あると思っています。1点目は，土地利用の適正な規制が行われていないこと，2点目は，再エネ事業を実施する上でのルール設定の問題，3点目は，事業者に起因する問題です。

全国でメガソーラーが問題化し始めたのは，私の理解では，2012年のFIT法の開始から数年たったところ，特に，政府が未稼働案件の問題に対応を開始した直後から，随分あちらこちらで増えてきたという認識で，長野県でもそうですし，全国でも各地でこのようなことが起こっていると認識しています。

第1に，土地問題です。特に，大規模な土地が，土地所有が細分化された現代においては，かなり少なくなってきている中で，例外的に大規模な土地所有をしてきたのが財産区であったり，専門農協であったり，いわゆる共有地といわれるところです。特に財産区の経営問題としては，高度経済成長末期の別荘ブームやバブル期のリゾート開発ブーム，このようなところのまさにプレイバックと見ておりまして，長野県内のメガソーラー問題も相当，この財産区や牧野農協，共有地組合など，そのような共有地を前提にしている。そのようなところで起こっているということで，私は，特に土地問題としての問題に着目をしているところです。

第2に，現地調査及び住民意識調査から見えてきたことです。長野県の松本地域にある太陽光発電所を全部現地調査しました。2020年のことです。野立て型のうち，法律で設置が義務付けられた柵塀整備率が86％，標識の整備率に至っては62％ということで，例えて言えば，車のナンバーが付いていない車が，全体の4割近くもありまして，基本的な法令順守意識に欠ける事業者がやはり多いの

ではないかということを指摘しておきたいと思います。

このような案件が，やはり地域の中でさまざまなトラブルを発生している中，住民の考えを定量的に把握してみますと，2018年1月に長野県の上田市で調査をしたところ，山林開発型に対して，非常に警戒感が強いということ。またその背景には，大規模な再エネ事業が，地域に結局利益をもたらすものにはなっていないのではないかというような問題意識も，住民に広く共有されているということが，実証的に分かっております。

室谷　ありがとうございます。次に浦さん，お願いいたします。

■鳥類生息の観点から

浦　日本野鳥の会の浦です。私からは，「風力発電が鳥類に与える影響」についてのお話をさせていただきます。

まず，風力発電施設の建設が自然環境に及ぼす影響としては，景観，野生動植物への影響のほか，水質汚濁などがあり，洋上風力発電において海底の底質の変化や微気候への影響などがあります。また，人間生活に対してはシャドーフリッカーや騒音，低周波騒音などが挙げられます。

特に，風力発電事業の設置に適した場所は，高頻度で鳥類の通り道になっていて，鳥衝突が風力発電に特有の大きな課題と考えています。

2022年10月に日本自然保護協会が発表したデータによれば，日本での風力発電の計画の半数以上は，環境省が自然植生度9とする原生林に近い森林を計画地に含んでおり，また25から50％がイヌワシやクマタカといった希少な鳥類の生息地を含んでいました。このようなことが，地域紛争を招く要因の一つになっているものと考えられます。

また，アセス手続きにおける環境影響評価準備書に対して，厳しい環境大臣意見が出された件数で見ると，24件中21件で猛禽類の生息地に，また同様に，9件で渡り鳥の飛翔ルートになっているとして厳しい意見が出されています。なお，厳しい意見の発出の有無と施設の規模には相関関係はなく，このような厳しい環境意見が出されるのは，その立地によるということが分かってきています。

風力発電施設が鳥類に与える影響は一般的にバードストライクと呼ばれる鳥衝突，渡り鳥などの飛翔コースが変わる障壁影響，そして鳥類が風車周辺を生息地として利用できなくなる生息地放棄の3つがあります。

このような，風力発電による鳥類や自然環境への影響を回避または低減するには，第1に，累積的環境影響評価の実施です。累積的環境影響評価というものは事業計画単独で環境影響評価を行うのではなく，一定のまとまりをもったエリア，地域として累積する環境影響を評価するものです。第2に，風力発電に脆弱及び希少な鳥類の生息に配慮したゾーニングの実施やセンシティビティマップの活用です。センシティビティマップはアボイドマップ，またはリスクマップとも呼ばれるもので，鳥類への有効な影響回避・低減策として活用するものである。第3に，事後調査の実施の義務化です。アセス法では，事業者が風力発電所の建設後に事後調査を行うことは努力義務に過ぎません。事後調査の実施，報告が義務付けられていないことから，いつ，どこで，どのような鳥類に風車による鳥衝突や生息地放棄，障壁影響が生じているかがよく分からないままになってしまっています。これらが重要だと，日本野鳥の会では考えています。

次に，日本野鳥の会が考えている，日本の風力発電事業をめぐる法的な課題ですが，第1に，希少鳥類の保全のために，種の保存法などで罰則規定を強化すること，第2に，自然保護団体が当事者適格を得て，環境法等に違反する事業者などに対して訴訟を起こせるようにする，いわゆる環境団体訴訟制度の導入，第3に，手続き終了後のアセス図書の保存と公開を義務付けること，第4に，簡易アセスメント制度の導入が必要ではないかと考えています。

■森林の伐採による影響

室谷 ご指摘のあった問題は，メガソーラーや大規模風力が大規模な森林破壊を伴うことに起因して，発生していることが多いように思います。そもそも二酸化炭素吸収源であり，地球温暖化は森林減少により始まったと言われていて，森林を伐採して再エネ施設を設置するということが，ほんとうにサスティナブルで，脱炭素につながるかという疑問を考えざるを得ない状況です。茅野さん，これについてはいかがでしょうか。

茅野 森林と再エネ設備とのバッティングということですけれども，脱炭素に対する効用という点だけで，単純に天びんにかけて比較することは本来できないと思っています。よく再エネ発電による CO_2 の削減効果を，樹木何本分の吸収量に相当するので，何 ha の面積の森林と同等というような計算や広告を見かけるのですけれども，これは樹木と森林を都合よく置き換えていて，誤解を生みかねないと心配しております。森林は，より大きな生態系ネットワークの中で，どのような位置を占めるかによって，それが改変される影響が個々に変わると思いますので，一様に評価できるものではないのではないかということです。ですから，自然的な価値や社会的な価値に基づいていろいろな指標が作られて，先ほどの植生自然度も同様ですけれども，保護林や保安林といった制度が存在する，これもそのような理由によるかと思います。したがって，人工林だから OK だったり，天然林だから NG だったりという，そのような単純な区分でもないだろうと思っております。

室谷 浦さん，いかがでしょうか。

浦 環境への影響は先ほど紹介したように，森林伐採や土砂の災害発生の危険，景観の悪化，水の濁り，野生動植物種への影響とあります。野生動植物に関しては，風力発電によるバードストライクは皆さんご存じかもしれませんが，メガソーラーに関しては，やはり面的な開発行為なので，野生動植物の生息地の分断や変化，食物資源量の減少などによる生存率や繁殖成功率の低下が生じる可能性があります。鳥類については，太陽光発電所との関係で言うと，やはりそれらを建設しやすい草原に繁殖する鳥についで，森林伐採によって森林性の鳥類が影響を受けやすいことは分かってきております。

そこから考えると，原生的な自然だけではなく，二次的なものであっても，できる限り今ある自然環境を破壊せずに，森林伐採を伴わない形で，まずは太陽光や風力の立地を選定する必要がある。また，予防原則という言葉があるのですが，それらを取り入れていくことで，環境影響が起こるかもしれない場所での風力や太陽光発電の建設の優先順位を下げていき，サスティナブルな自然エネルギーにしていく必要があると考えています。

室谷　北村さん，いかがでしょうか。

■法的な観点から

北村　法的な観点からは，やはり森林法のあり方が大きなポイントになりそうです。林地地開発許可は地域森林計画の対象となる民有林に関するもので，これはこれで影響の議論の論点になるでしょう。一方，国有林はいわば性善説で制度設計されていまして，国が適切に管理する，できるという前提になっているのです。国有林は国民から管理を信託された公共財と考えられます。したがいまして，その管理は環境基本法 19 条の環境配慮義務の対象になっています。開発が大規模になれば，環境影響評価法なり，環境影響評価条例の対象になりますので，ある程度の配慮はされるわけですけれども，それに満たないとなれば，ノーチェックになっているという点に大きな問題があります。

室谷　小島さん，いかがでしょうか。

小島　現行の森林法というものが，自然保護のための法というたてつけで元々ありません。森林法自体は元々，木材などの森林生産物をきちんと確保する，しかもそれを増やしていくことが目的ですので，森林は林業生産力の基盤となっていくという基本で考えられています。ところが今，日本の現実を見ると，森林の林業生産自体が非常に縮小されていく中で，別の形で森林を使っていかなければいけない。そのために，全く違った用途に転用する。その際にそのようなことを，もともとは森林法が想定していないので，そこに大きな規制の穴ができてしまっているというところがあると思います。

また，日本の場合は，農地で太陽光発電をやるという選択肢もあるのですけれども，農地については日本の場合，農地法という非常に厳しい規制があります。

その結果，農地法に比べると規制の緩い森林に開発が流れていくという状況が存在しています。このような状況が，背景としてあるだろうと思っています。

室谷 森林の開発について言うと，山間部の尾根筋の風力発電については，国有林を貸し出して，保安林や緑の回廊などにもかかる大規模な風力発電開発が問題になっています。森林破壊という観点からは，風車の建設や管理のために道路を通すことも問題になっています。浦さん，この点についてはいかがでしょうか。

■保安林の役割

浦 日本の陸上風力発電の多くは海岸部に建っていますが，尾根部にも建っています。また，最近は，配慮書段階で尾根部での計画も多く出ています。風力発電を建てやすい尾根は，つまり風況がいい尾根ですが，まず海岸から見ると最初に現れる尾根か，内陸地であってもその地域で最も標高が高い尾根になります。そのような場所は，先ほど紹介した日本自然保護協会のデータにもあるように，原生林的な自然度が高い場所が多いですし，また，二次的であっても生物多様性が豊かな場所がほとんどです。水源保護などの目的で保安林に指定されている場所も多いので，私たちとしては，そのような場所での自然環境は保護されるべきものだと考えますし，なぜ事業者がいきなり，特に保安林の指定解除をしながら風力発電を進めていくのかということ，また，行政がすぐにその解除申請を受け付けてしまっているのではないかということに，それはなぜなのかといった疑問を持っています。

室谷 小島さん，いかがでしょうか。

小島 保安林は，本来保存されるべき水源涵養や，あるいは土砂災害防止などの公益的機能があると認められて，保護されるべきものとなっているわけですから，そこが簡単に開発される形になってしまうと，より大きな問題を引き起こすということになってしまいます。日本の場合は，国土面積の約3分の2が森林ですけれども，そのほとんどが山林の傾斜地にありますから，そこが開発されることになると土砂災害や洪水，あるいは水源涵養ができなくなるなど，さまざまな問題点を引き起こすことになります。

それから，当然のことながら，山の尾根筋に風力発電をしていくということになると，そこまでに至る道を造る必要があります。道を造ることは，実は，その道から土砂が崩れて土砂災害が起こるということが，あちこちで報告されています。そもそも森林法の林地開発許可の場合は，その道を造るだけでは開発許可が必要な最低面積に至らないので，全く規制対象にならないという状況があります。他方，保安林は，本来保安林に指定されているところに道を造るということになると，保安林の指定解除がその部分で必要になるはずなのですけれども，なぜか森林法34条の作業許可という制度を利用して，林道建設，風力発電のための道路建設が認められている状況があります。ところがこの34条は，条文を見るとよく分かるのですけれども，木材などの林産物を運び出したり，森林を伐採したり，間伐をしたり，手入れをしたり，そのためにある作業許可なのです。だから作業許可という言葉を使っているのです。それと，風力発電開発のための道路を造ることは全く用途が違うわけですから，そのような用途に作業許可を作ることが適切だとは思いません。

さらに，作業許可の基準がありまして，元々林道であっても4mを超えるようなものは作業許可ではなくて，保安林解除をしなければいけないと，林野庁の基準でも，指導でもなっています。実際には，恐らくきちんと風力発電を造っていくことになると，幅員4m以下の道路ではそれができない可能性が高いです。その意味でも作業許可ではだめで，保安林の指定解除をしなければいけないのですけれども，多くの尾根筋の開発の場合に，どうも保安林の指定解除がされた形跡がないということになっていて，そのあたりが非常に大きな問題になるのではないかと考えております。

室谷　本来は，森林整備のための作業の林道を想定している制度であるのに，それとは大きく異なった，大規模開発で濫用されてしまっているということですね。尾根筋に数十基の風力発電を建設して，道路も新設するとなると，開発規模としては数十ヘクタールの森林伐採，それに切り土，盛り土を伴います。風力発電は点の開発と言われますけれども，実際，道路も入れると面の開発で，かなり大規模なことになる場合もあります。しかも，風車の基礎を造る部分よりも，道路のために森林を伐採する面積の方がはるかに大きくなるのに，きちんと森林法の手続きが踏まれていないことは，大きな問題ではないかと考えています。

（2）森林の公益的機能，多面的機能について

室谷　次に，森林が果たしている公益的機能，多面的機能についてです。水源涵養機能や水害防止機能，土砂災害防止機能，大気汚染浄化機能などさまざまあります。【資料1】を見ていただくと詳しく書いております。再エネ開発が森林の公益的機能を犠牲にしてもいいという方向で進んで行ってしまっているのではないかと考えます。

北村さん，いかがでしょうか。

■森林法による規制

北村　森林を利用したメガソーラーの建設は，森林法の規制を受けますけれども，仮に，その建設を促進する方向で規制緩和的になっているとすれば，そのような評価も可能です。しかし，そのためには何か特別法的な措置，あるいは明文で，そのような方向にかじを切る措置が必要なはずです。そうではないとするな

らば，これはもう林地開発の運用の問題になってきます。許可基準それ自体は，先ほど小島さんのお話にもありましたとおり，森林法10条の2，第2項の1から3号に列挙されています。室谷さんが挙げられた諸機能は，すべてここに規定されています。

ただ，規定ぶりは非常に抽象的です。そこで，行政手続法5条に基づく審査基準をチェックすることになります。これは県ごとに違うのですけれども，例えば，山梨県のウェブサイトでこれを確認しますと，特に太陽光発電施設については，追加的な資料提出が求められています。これは手続的なものですが，それ以外にも，周辺部または尾根部に残置森林を配置しているか，色彩について考慮されているかといった実態的なものもありました。しかし，このくらいと言えばこのくらいなのです。森林の公益的機能が犠牲にされているということであれば，そのような機能の保持をチェックする具体的な基準，これが策定されていないために，適切な審査ができない状態になっているように見受けられます。目的規定には，最近では環境価値の配慮を規定する法律が増えている状況にありますが，森林法はそのような対応を頑なに拒んでいるようにも見えます。森林法の運用として，それが適切かどうかは，究極的には司法判断になるはずですけれども，訴えることができない状況にあることが，そのような運用を放置している結果になっているとも言えそうです。

室谷　茅野さん，いかがでしょうか。

■環境法の観点から

茅野　今，北村先生がおっしゃられたように，森林法の中に環境という項目が入っていないということは，90年代に始まった海岸法や河川法など，このような土地の管理に関する個別法の中へ環境が入っていった傾向とは，やや異質なところを私も感じております。これは，恐らく再エネ施設に固有に生じている問題ではなくて，特に森林の問題については，先ほど触れましたように，高度経済成長の末期，あるいはバブル期に生じたような別荘地やゴルフ場，それ以外にも林道開発など，これは公共事業という側面もありましたけれども，そのような60年代，70年代からずっとあった土地開発，このプレイバックとして捉えられる側面もあるかと思います。

そのような点では，森林法や環境影響評価法，再エネ特措法や災害関連各法など，今日はさまざまな個別法が問題になっておりますけれども，その前提となる土地利用の制御方策，特に財産権との調整が本質的な問題なのではないかと思っております。それは大規模な土地の売却だけではなくて，長野県内を見ますと，低圧の50kW未満の太陽光発電も，山林開発ではかなりあるということで問題を感じております。そのことからすると，乱開発という言葉自体が今に始まった言葉ではないので，そこをどのように制御するのかということかと思います。

昨年の８月，内閣府の再エネのタスクフォースの準備会合に私は出席させていただいたのですけれども，そのときにもやはり政府関係者からは，森林の公益的機能は維持されるべきだけれども，他方で民有林の場合であると，所有者が財産を処分する権利，これとバッティングする点が最大のネックで，行政としてはなかなか対応が難しいという趣旨のコメントがあったことを思い出しました。

室谷　日本では，土地所有者の財産権が開発を正当化する論拠としてよく使われます。ただ，森林の公益的機能の維持は近年，林野庁でもよく唱えられていて，森林行政の重要課題になっています。民有林であっても，公的資金を入れて維持していくという方向に森林行政は進んでいます。とりわけ保安林については，一定の制約がある代償として，固定資産税がかからないといった優遇されている面もあります。それを事業のためだからということで簡単に解除していいかという問題があると思いますが，浦さん，いかがでしょうか。

浦　はい。森林の機能の多くは保安林に指定され，保護されてきたものと考えています。実際に，保安林の解除手続きは，特に最近の規制緩和で解除手続きがしやすくなってしまったと思うのですが，私たちが思っていたよりも簡単に再エネ施設を建設できていると思います。日本野鳥の会としてはやはり，何らかの目的を持って保安されている森林に，簡単に再エネを建てるべきではないと考えています。水源涵養林や土砂流出防備保安林，土砂崩壊防備保安林というものがありますが，特に，それらの尾根部やその周辺で再エネ関連施設，アクセスや作業道路も含めて，風力や太陽光発電施設の建設を避けるべきではないかと思っています。今ある法律では，地球温暖化対策推進法の改正で，国や都道府県が策定した環境配慮基準などに基づいて，市町村が促進区域を指定していきますけれども，その中で，保安林や国有林などで再エネ施設の建設を避けるようにゾーニングしていくことで，森林が果たす公益的機能，または多面的機能が確保できるのではないかと考えています。

（3）ドイツの制度と日本の比較について

室谷　次に，現行法の問題点について議論を進めてまいりたいと思います。日弁連の意見書については，先ほど小島智史さんから報告がありました。茅野さんからご指摘があったように，再エネに限らず乱開発が起きるのは，自然を守る法制度が十分に整備されてこなかった，そのような問題があると思います。それが，再エネの分野で改めて顕在化していると言えます。ドイツは再エネ先進国ですが，ドイツの取り組みについては，注目する必要があると思います。

日本とドイツを比較して，小島さん，何か一言はありますでしょうか。

■取り組み方の違い

小島 日本の場合は，非常に財産権の保護が強く言われていて，私有財産であれば，財産権との調整がいろいろな場面で出てきます。ところが日本の所有権制度は，もともとはドイツやフランスの制度をモデルにして作ったものなのです。

その１つとして，例えばドイツにおいてどのようになっているかを検討したのですけれども，ドイツでは自然と景観の保全のための連邦自然保護法という法律があって，さらに，土地工作物を何か作る場合，あるいは都市計画を決定する場合の基本的な法律である建設法典という法律があります。このような法律は，現状と異なることをしようとする場合には，徹底した住民参加のうえで厳しいチェックをして，原則として，悪影響が生ずる可能性があればそれを回避する。それができなくても，回復措置または代償措置をとるということを，大きなルールとして決めています。

ですから，例えば裸の土地を舗装して，その上に大きな建物を建てることを新しい場所でやろうとすると，そこで失われる環境価値と同等の価値をどこかに新しく作り出さないと，そのようなものの建設ができないということが起こります。同等の価値をどこかに作り出さなければいけないので，例えば森林をどこかに買ったとしても，それではだめなのです。だから今，典型的に行われることとして，何か単一作物を植えているような農地を，むしろ自然生態系に近い状態に戻す，荒れ果てた場所を，きちんと自然に近い植生の森林に戻すなど，そのようなことをしない限りは，どこかの土地の開発が認められないということがドイツの状態です。かつ，森林であれば森林として使うことを原則にしますので，森林以外の用途で開発することも大きく制約されます。財産権は当然，そのような制約を受けるのだということが，ドイツなどの場合であれば共通のコンセンサスになっていますので，そこが大きいところです。

■住民参加と行政訴訟

しかも先ほど申し上げたように，地元の住民たちの徹底した参加がありますので，地元の住民たちが知らないところで，突然に太陽光発電や風車建設が始まるということはありません。それに関連して，その土地が適地なのかどうかは厳しくチェックされます。さらに，もしそれが不適切に行われるということになれば，その周辺の住民たちに景観面でも大きな影響を受けるような人がいれば，そのような人は当然訴訟に訴えて，ゾーニングも含めて正すことができる制度になっています。

この点，たぶん，例えば日本の場合で言えば温対法で促進地域を定めて，促進地域であれば環境アセスを省略して，太陽光発電や風力をやっていくことになると思うのですけれども，ドイツも似たような制度があります。ところが，ドイツの場合であれば，当然促進地域を作る際には徹底した住民参加が最初になされる。しかも，その造られたものに対して問題があると考えれば，当然，訴訟の対象として訴えていき，行政訴訟の対象になりますし，周辺の住民の中で，それによって景観が害されるおそれがある人々は，原告適格も認められますので，訴訟の場で争われる。現にそれによって，そのような促進地域や規制をするといったゾーニングが取り消されたという事案も，相当多く発生しています。そのような点では，いろいろな場面で，財産権とのバランスの理念，さらに住民参加の点，訴訟によるチェック，そのいずれの点でも，環境とメガソーラー開発等々のバランスが取れているわけです。ところが，日本はそのようなものが全く存在しないということになっていますので，そこに大きな違いがあります。

アメリカ合衆国も，日本やドイツとは制度が違うわけですけれども，実は水質保全法という，日本の水質汚濁防止法とほとんど同じような法律ですが，その中に，なぜか湿地の保全についての条項があって，湿地というと，例えば河川や沼なども全てそれに含まれますが，そのようなところや，種の保存法で，民有地であっても，絶滅危惧種の生息に永続的な影響を与えるおそれがあるような開発をすることになりますと，当然のことながら規制対象になります。先ほどドイツで言ったことと同じような，アメリカの場合ですとそれはミティゲーション規制という言い方をしますけれども，そのような制度がありますので，厳格な規制対象になります。当然のことながら，訴訟提起権が確保されていますし，住民参加も要求されてきますので，そこの違いはかなり大きいです。日本の場合は，財産権が過度に尊重されていて，あまりに自然の価値が軽視されてきたという感じがいたします。

室谷　ドイツの制度と日本の制度はだいぶ違いそうですけれども，北村さん，いかがでしょうか。

■制度の違い

北村　アメリカのお話もありましたけれども，公的な機能に対する社会的な認知が，随分と日本と違っていそうです。例えば，ドイツの資料からうかがえますのは，民有地に，すなわち私有財産の中に公的機能があれば，その財産はあなただけのものではないというような認識が強くある。これに対して，先ほど茅野さんからご報告がありましたけれども，日本では，私有財産だから，なかなか法律の規制が難しいと政府関係者が言ったといいます。このような前近代的な，古典的な感覚が日本の中心にあることが改めて確認できました。あるいはこれは，内閣法制局の認識と一致しているかもしれません。そうすると，なかなか法改正で打ち破ることは難しいでしょう。

ドイツでは，計画なければ開発なしというように言われております。再生エネルギー比率を向上させるために立地は不可避であるとなったときにも，計画を策定して，それに拘束力を持たせているようです。しかも，それがいったん策定されれば，これに反対するような州の規制は無効になるというような，厳しい仕組みになっている。これに反する州の仕組みが無効になるというのは，日本国のように地方自治が憲法で保障されていないドイツならではということかもしれません。しかし，ネガティブ・ゾーニングとポジティブ・ゾーニングを組み合わせるというやり方は，参考になりそうです。

風力条件，風力の場合の許可の条件としては，稼働させてはならない場所を立地場所の個別的な環境条件を踏まえて決めると，このようなきめ細やかな対応になっているところも参考になります。恐らく，それを命じることができるだけの科学的知見が，その前提として存在しているようです。立地可能場所についても，影響の回避が難しいと，このようになったときには，代償金の納付や，あるいは廃棄費用に関する財政的な保障措置と義務付け，こうしたことも参考になりそうです。

日本では，再生エネルギーの発電施設の立地における都道府県と市町村の役割分担，これが必ずしも明確ではありません。そのようなところ，連邦と州が権限を持って，そこに自治体が拒否権をもって参画するという建設法典の仕組み，あるいは事業税の立地先自治体への効率配布の制度というアイデアも，参考になるように思います。

■ゾーニング

北村 先ほど来，ゾーニングについていろいろと議論がされてきました。これに関しては，2021年に改正された地球温暖化対策法の中でも，地域，地方公共団体の実行計画，この中で市町村の努力義務とはされていますが，地域脱炭素化促進事業対象区域，この設定に注目が集まりそうです。これはポジティブ・ゾーニングですけれども，策定にあたっては，あらかじめ住民その他，利害関係者の意見を反映させるために必要な措置を講ずることが求められています。規制条例を制定している市町村は，その内容とも区域指定をすり合わせなければなりません。また，地域的な合意形成，適用区域を自ら決めることができるという意味で，自治的な仕組みと言えます。対象区域内での発電事業に対しては，さまざまな規制緩和措置が適用されることになっています。

室谷 日本の制度でも，地域の自治的な機能を反映させる仕組みが取り入れられているのですけれども，なかなか活用されていないというのが現状ではないかとも考えます。

茅野さんは，ドイツの仕組みについてどのように考えますか。

茅野 今の北村先生のお話の中で，連邦が決めたことが，それに対して州の規制が無効になるというようなお話，大変意外に感じました。意外に感じたというのは，ドイツといえば地方分権が基本的には進んだ国家であるという先入観がありましたので，もう少し複雑に，かつ巧みに作られているのだと，印象を持ち直した次第です。

小島延夫先生のお話を踏まえまして，私が気付いたところで申し上げると，やはりゾーニングなどのテクニカルな側面よりも，政策が形成されるプロセスそのものに注目すべきかと思ったところです。それは，望ましい状態が何なのか，それから，その望ましい状態を達成するために必要な原理原則は何なのかということを，あらかじめ広く合意を取った上で，その状態を達成するために必要な取り組みが，合理的に組み合わされて展開されていく。これは，考えてみれば地球温暖化対策で言われている，2050年カーボンニュートラルを目指すためのバックキャスティングの考え方にも似ていると思うのです。そこを大変印象的に受けとめました。

一方で，日本では基本的に現状追認，後追い，つまりバックキャスティングとの対比で言えば，フォアキャスティングという施策の組み合わせになっているところが，全体としては極めてちぐはぐな帰結を生んでいるということかもしれないと思い知らされております。

もう1点，より本質的に大事だと思ったことが住民参加です。先ほど上田市での住民意識調査に触れましたが，大規模な再エネ施設について，知らないまま開発が進むことが不安だという評価への同意率が9割を超えています。再エネ施設に限らず，生活環境の変化につながる土地利用の変更について，住民参加の制度が徹底されている点が，結果として遠回りのようなのですが，再エネ施設の社会的受容性を高める効果もあるのではなかろうかと思っております。

室谷　ありがとうございます。住民参加というキーワードも出てきました。浦さん，自然保護団体としてドイツの制度について，住民参加も踏まえてお話しいただければと思います。

浦　ドイツの場合，再エネ施設をどこなら建ててもいいか，もしくはよくないかということをはっきりさせるゾーニングは，明らかに日本よりも進んでいると感じました。

北村先生がおっしゃったように，地球温暖化対策推進法の改正で，市町村が脱炭素計画を策定する中で，促進区域の指定をこれから行うことが努力義務となったということですが，その中で促進区域が指定されれば，促進区域の中で事業を行おうとする事業者が，アセス法に基づく計画段階環境配慮書の作成をしなくてよくなるとされているのです。つまり，促進区域の指定そのものが配慮書作成の代わりになるということですから，日本野鳥の会としては促進区域の指定のあり方に大変注目しています。促進区域の指定が配慮書作成の代わりとなるには，配慮書を縦覧した際に，住民から出され得る意見内容を踏襲しながら，促進区域を細やかに指定する必要があるのではないかと考えています。そうしないと，ゾーニングが地域紛争解決のためのツールにはならないだろうと考えます。

ドイツでも，実際にそのような地域住民の声を反映させながら，複雑な法体系の中でゾーニングを行っていくことは容易ではないと考えられます。そのため，KNE と言われる，地域住民の声を反映させながら，地域住民と事業者の間で合意形成を図る専門家の集団，ファシリテーターの人たちがいると聞いています。そこが2年や3年の時間をかけて，地域でゾーニングを行っていくというお話を聞いています。

日本でも，市町村がこれから細やかに自然環境や生活環境に配慮しながら促進区域を指定することはいいことだと思うのですが，しかし実際に，ドイツのように住民参加型でゾーニングを進めて行けるかには，大きな疑問を持っています。促進区域を指定するにあたり，まずは市町村ではなく，国や都道府県が環境配慮基準を策定し，それを踏まえ市町村が促進区域を指定していくパターンが多いと予想します。市町村は国や都道府県の基準のみを使っても促進区域の指定ができます。つまり，国や都道府県が指定する法や条例により風力発電施設等の建設ができない，または難しいところだけを除外区域にして，残った場所を促進区域にするようなこともできるのですが，それでは，地域住民の声などはほとんど反映されなくなってしまうので，促進区域の指定が何の紛争解決手段にもならないのではないかと考えます。

また，促進区域ではない場所でも，普通に事業ができてしまう，要は配慮書を作成，公告縦覧するつもりがあれば，促進区域ではない場所でも事業を計画できるというのも問題があると思っています。事業者が促進区域で事業を計画した方がメリットが大きいような仕組みも必要です。例えば促進区域で事業するなら，国民負担が発生しないような形で事業者にインセンティブを与えるか，もしくは促進区域内でしか建設が認められないように，もう少し法律を見直すなどが必要だと思います。

室谷 地域参加の手続きという意味では，この温暖化対策促進法の仕組みをまず住民が理解して，自分たちが地域設定を考えていく権利があるのだと知っていただく，そのようなところから，日本の場合は始めないといけないのではないかと思います。

今日は，時間の都合で洋上風力の問題については十分議論する時間がないですけれども，一番関わっておられる浦さんからコメントをいただければと思っています。よろしくお願いいたします。

■洋上風力発電について

浦　洋上風力発電については，イギリスなどで導入が進んでいますが，北海は非常に遠浅で，何十キロ沖へ行っても水深が50mぐらいなのです。日本は逆に，そのような遠浅な海域が非常に少なく，また，水深がある場所で建設可能な浮体式の洋上風力の設置技術も，まだ商業用のレベルには達していないため，現状，洋上風力発電の計画海域や，経産省が所管する海域再エネ利用法に基づく促進区域は，基本的には離岸距離，つまり海岸からの距離で言うと1から5キロぐらいのところ，水深で言うと40m以下のところに設置されることがほとんどです。

一般的にそのような浅海域，浅い部分の海域は，海の生物多様性が非常に豊かで，生産性が非常に高いのです。沖合の深いところより，このような浅い場所の方が多様な生物が生息していますが，このような場所に洋上風力発電を建てると，鳥類を含めて海の哺乳類や魚などの生息に影響を与える可能性があることは，海外の研究からも分かってきています。

生物への主な影響は，生息放棄といって，洋上風力が建った場所から魚，哺乳類，鳥類などの動物がいなくなってしまうということが起きる場合があります。例えば魚類が海域からいなくなってしまうと，それを食べる哺乳類や鳥もいなくなる。逆に，風車に魚などが集まる蝟集効果が生じ，魚を採食する哺乳類や鳥類が集まることで新たな生態系が生じてしまう場合もあります。鳥については陸上だけでなく洋上にも飛行コースがあるため，そこに洋上風車が建つことで障壁影響が生じてします。

洋上風車を建てることで，海洋生物や生物多様性が減少すれば，海の生態系が崩れ，海の生態系サービスの劣化が生じる可能性があります。経産省が設定する洋上風力発電事業向けの促進区域の指定では，この環境影響のところがあまり配慮されません。基本的には，促進区域で事業をしようとする事業者が通常のアセスを実施するだけの事業アセスです。例えばイギリスなどの諸外国のように，事前に促進区域を設定する段階で，環境に対し影響がないかを配慮されることはほとんどないですし，海洋の促進区域の指定のときには地域住民の意見が反映される機会はほとんどないという状況になっており，問題があると考えます。

■低周波について

室谷　風力発電については，今後，騒音，低周波の問題も，大きな計画が今，実行にかかっている地域もあるので，発生していくと考えています。【資料2】に掲載をしていますが，環境省は風力発電施設から発生する騒音に関する指針を公表して，超低周波音，低周波音と健康への影響については，明らかな関連を示す知見が確認できないとして，人の知覚できる範囲の騒音として，その範囲で評価すればいいというような内容になっています。環境省が風車による低周波音の健康被害を否定するような指針を出したことは，被害を受けている人が被害を訴えることを難しくしているのではないかと考えられます。それでも，現在も由利本荘市などで被害を訴えている人がいます。このまま低周波の問題を放置しておいていいのでしょうか。

小島さん，いかがでしょうか。

小島 低周波の問題は，結構深刻な問題だと思っています。その点で，この問題は放置していいわけではないです。もちろん，低周波の問題はまだまだ未解明なところが多々あるのですけれども，人によっては非常に深刻な被害をもたらすということで，やはり人家から一定の距離を置く，洋上で造る場合も海岸から一定の距離を置くなど，そのような措置は必要不可欠になってくるだろうと思います。そのような点では，先ほど来出ている促進区域の設定などでも，その問題点は考えていくべきだろうと思っています。

洋上風力の関係で申し上げますと，確かに洋上風力，特にバードストライクなどの問題を発生させる可能性があることはそのとおりなのですけれども，陸上の風力に比べると，陸上の風力の場合は先ほど言った低周波の問題があったり，森林の尾根筋に造ればそれ自体自然破壊，あるいは災害発生のおそれがあったりするわけです。それを考えていくと，やはり相対的に影響の少ないところとしては，洋上風力をある程度考えていかなければいけないだろうと思っています。

1つは，太陽光をある程度促進することで，日本の再生可能エネルギーを増やせる可能性は十分あると思っているのですけれども，他方，やはり冬場の発電などを考えると，風力発電を増やすことも必要で，それを考えると，陸上の風力あるいは沿岸部の風力に限界があるということであれば，長期的には洋上風力を増やしていく必要が，ある程度あるだろうと考えます。ある程度沖合に行きますと，海洋生態系に及ぼす影響はそれほど大きくないようにも思われますことと，そのように，造ったところ自体が漁礁になって逆に増やすというようなデータもありますので，それはどちらとも言えない部分はあるのです。もちろん，バードストライクの問題が完全に解消されることには，なかなかなりにくいところはありますが，今後の日本の再生可能エネルギーを増やさなければいけないという状況を考えると，ある程度は，沖合の洋上風力の推進は考えなければいけないことだろうと思います。

他方，先ほど来少し出ています，ゾーニングの話なのですけれども，そこで一言だけ申し上げておくと，ドイツにしても，アメリカにしても，このようなゾーニングをやる場合に必ず住民参加をすることが，あたりまえで，かつ住民参加をきちんとやらない場合には，それだけで訴訟で取り消されるわけです。ところが日本の場合は，最近のほとんどの法律で，住民との協議の機会を設ける，住民の意見を反映するような仕組みを考えるなど，そのようなことが法律の条項の中に必ず入ってきています。しかし，その実態としてどうかというところで言うと，多くが何か協議会のようなものを作って，そこに町内会連合会の会長さんと地域の女性団体の会長さんといったところが入って，そのような人を参加させて，協議会に議題を出して，話を聞けば住民の意見を聞いたということで終わってしまって，本当に必要な，影響を受ける人々の意見が十分反映されないまま，住民参加がなされた。しかも，その住民参加がなされたかどうかを訴訟で問うにも，そのゾーニングそのものがそもそも訴訟の対象になっていないから訴えることができないし，また，前述したような形の意見聴取でもそれでも住民参加として十分な手続きということになってしまって，手続違反で処分が違法になる，無効になるなどもないというのが現状です。そうした日本の制度のたてつけとして，先ほど申し上げた所有権の過度の尊重の部分と並んで，住民参加をいかに実質的に規範として実質化させることができるかが，とても重要な問題だろうと思っております。

2　自然環境の保全と再エネの両立を図るための方策

室谷　財産権の制約や住民参加を，制度としてきちんと作っていくことが大事だという話が出てきました。ドイツと比較していただきましたけれども，日本では自然環境の保全，再エネの両立を図るためにはどうすればよいかを，これから議論していきたいと思います。

簡単な論点整理を，小島さんにお願いいたします。

小島　日本の自然環境の保全と再エネの両立を図るために，どのようなことを考えればいいかということで，5点ほどポイントを挙げて，整理させていただきました。やはり日本においても，包括的な自然保護法制が必要であろうということが1点目です。2点目としては，再エネの事業の地元還元，3点目は，ゾーニング・住民参加，4点目は個別事業に際しての情報公開等，5点目は，設置後解体までの規制をきちんとやるという，この5つの点です。

特に第1の点について，もう少し詳しく話をさせていただきます。日本の自然保護法制は全く存在しないわけではなくて，代表的な法律としては，自然環境保全法という1972年に作られた法律があります。また，自然公園法という1957年に作られた法律があります。この自然環境保全法という法律は，そもそも作ったときの意図としては，日本の自然保護に関する基本法的なものとして作られたものではあるのですけれども，実際上の運用の対象としては，ほとんど人の手が加わっていない原生の状態が保たれている地域や優れた自然環境を維持している地域の保全に限られてしまっているので，対象がきわめて一部になっております。全国で 10.5 万 ha，だいたい日本の国土が 3,400 万 ha ありますので，全国土の 0.3 %だけがその保護対象になっているにすぎないという状態があります。

これよりはやや包括的，広い地域がカバーされているものが，自然公園法に基づくもので，自然公園法自体は戦後の 1957 年に作られた法律ですけれども，戦前の 1931 年に国立公園法という法律が作られています。これは，優れた自然の風景地の保護と，利用の促進です。インターナショナルに見ても，自然保護はどちらかというと景観保護ということと結び付いて，発展してきたところがあります。その系統を受けたものであります。自然公園といっても，普通地域は非常に弱い規制ですので，特別地域以上の規制がされているものはどれだけあるかというと，365 万 ha，全国土の 9.7 %となります。日本の森林自体は全部で 2,503 万 ha，全国土の 67 %ありますし，それに加えて原野や水面が 166 万 ha，両方合わせると大体 68 %ぐらいあるのです。その中で，自然公園として保護されているものは 9.7 %，自然環境保全法に基づいて保護されているものが 0.3 %になっているので，実際には森林法が唯一の規制法になっているところが多い状況があります。

ところが森林法は，もともと保安林以外のところは，森林生産力を増強することが目的に掲げられております。自然保護が主目的にはなっておりません。そのような状態ですので，なかなか自然保護の法律として，森林法は予定されていなかったというところがあります。

それ以外に，日本の場合には，種の保存法もアメリカの種の保存法にならった形で 1992 年に作られました。しかし，現状としては保護対象種や生息地の保存が少ないことがありますし，アメリカの種の保存法では，ハワイのハチドリが住んでいるところで，ヤギを飼っている人の民有地開発が，種に影響を及ぼす行為だということで規制対象とされた。それ以降，絶滅危惧種の永続的な生存に影響を及ぼす民有地開発についても，規制対象とされてきました。そうしたアメリカの種の保存法と比べると，日本の場合はそのような規制もございませんので，弱い状況になっているところがあります。

■各国の自然保護法制

小島　ドイツ，フランス，アメリカ合衆国の自然保護法制と対比してみますと，ドイツの場合は，今回の資料にもありますけれども，連邦自然保護法という法律が 2009 年に全面改正されました。これは全国土を対象にして，先ほども少し触れましたように，裸の土地，空き地をコンクリートで覆って建物を建てる場合も規制対象になる。介入規制というのですけれども，要するに自然環境に影響を及ぼし得るものについては，基本的に影響を回避することが原則で，それができない場合も回復措置，代償措置を取らなければいけないという規制が，ほぼ全ての土地について適用されます。建物が建っている土地は除かれますが，それ以外のほぼ全ての土地が対象となっています。

フランスは，自然公園制度が非常に充実していまして，フランスの全陸域の29.5％が自然公園または保護地域です。日本では，自然環境保全地域と自然公園の特別地域以上で10％しかないことに比べても，その3倍，やはり全国土の3割が自然公園や保護地域になってくると，非常に身近な環境まで含めて保全対象になってくるので，状況が変わってくると思います。

アメリカの種の保存法は，先ほど述べましたように，民間開発についても種の永続性に影響を及ぼす行為を規制するところまで行っています。当然のことながら，日本でやっているような風力発電で種が大きな影響を受けることになってくると，規制対象になってくるところがありまして，そこと比べても大きな違いがあるという状況があります。

ちなみに，フランスのプロヴァンスの田園風景ですけれども，このような人の手が加わった田園，畑があるようなところであっても，自然公園として保全されています。ヴェルドン地方公園というところです。

■日本の自然保護法制の問題点

小島　日本の自然保護法制の問題点をまとめますと，1つは，身近な人の手の入った自然について保護する法制度がほぼないというところがあります。自然環境保全法は，先ほど見たように，人の手の入っていないところが中心ですし，日本の自然公園法は里地里山などを対象とした例がほとんどない。自然公園法は実際，法律上そのように書かれているわけではないので，本来里地里山にも適用することは運用でできるはずですけれども，ほとんどされていない。フランスと全く違う。それから，種の保存法においても，民有地における種に影響を及ぼす開発については規制がないというところがあります。

2番目に，やはり自然保護においては，風景保護と生物多様性保護はよく言われるのですけれども，水源保全や土壌保全，さらに湿地保全といったことも非常に重要な役割を持っていると思うのですが，その点が必ずしも意識されていない。これが2番目です。

それから3番目に，自然公園法や森林法などにおける，生物多様性保護が非常に弱いというところがあります。

4番目に，本来，日本の自然保護法制でも意識されているはずの自然景観の価値ですけれども，これが十分保護されておりません。農林水産省などは，棚田の風景を自然景観として宣伝しておりますけれども，これを保護するような法制度上の仕組みが存在していない状況になっています。

最後に，大きな特徴ですけれども，やはり参加や司法を通じた統制がほとんどできていないということが日本の特徴です。アメリカの種の保存法では，市民に保護の提案権を与えて，市民の義務づけができますけれども，日本ではそのような制度は，種の保存法の中に全く規定されていません。それからドイツの，先ほど来議論されています，ゾーニングについては住民参加が厳密に定まっていますし，住民訴訟，行政訴訟の対象にもなっていますが，日本の場合はそのようにならない。ですから多分，先ほど来，議論に出ている促進地域の話をドイツで議論すると，それはゾーニングの段階で十分住民参加されるはずです。きちんと住民参加しないで造られれば，行政訴訟で取り消されるはずですから，きちんとやりますということになります。日本の場合は，仮にそこで住民参加を十分やらなくても，そもそも行政訴訟の対象にならないのです。何の問題もないということになるし，また，住民参加が権利として保障されていないことと裁判所は言いだします。結果として，住民参加を不十分にやったところで，何らゾーニングが違法にならないことになってしまうので，そのような点でも非常に弱いです。その点，ドイツの場合であれば，住民参加をきちんとやらなければ，当然取り消し対象になります。アメリカもそうです。その辺の違いは非常に大きなところとして存在していると思います。

他にも，やはり再エネ事業を地元にきちんと還元していく。これは，例えば原子力発電をやる場合の電源交付金などとは違って，元々再エネ事業は地元にある資源を活用するわけですから，そこの資源を地元で，地産のものを地産で使う，地元に経済循環をもたらしていくということですので，再エネ事業を興すのは，地元の経済の活性化に役立つことにつながるという仕組みをきちんと確立することが，とても重要だということです。

それから住民参加，ゾーニングを住民参加でやっていく。さらに，個別事業に関しても，情報公開や事前協議，事前調整をきちんとやっていく。最後に，設置後解体までの規制もきちんとやっていくということです。このあたりをきちんとやっていかないといけないだろうと思っています。

室谷　日本の自然保護法制の問題点や課題を説明していただきました。茅野さん，いかがでしょうか。

■不公正の是正

茅野　私は博士論文を自然保護問題の研究で書いたので，今の小島延夫先生のお話は網羅的で，どこから手を付ければいいかよく分からないというのが率直に感じたことです。やはり数十年にわたって根本的なところを放置してきたつけが，出てきていて，考えてみれば新しい問題というよりは，古い問題が今の社会の大きな変革の中で噴出しているのではないかと思っております。

保安林の話，森林法の話が出ましたけれども，私は日本自然保護協会の参与も務めておりまして，先般，自然保護協会で出した文書について紹介します。その中で，特に，林野庁が持っている保護林制度の中で緑の回廊という制度があるのですけれども，ここに今，再エネ，特に風力発電の開発の手が及んでいるという話を聞いております。この保護林制度は，実は法律で定めた制度というよりは，国有林の管理経営に関する法律の定めではあるのですけれども，林野庁長官の通達でしかない制度なのです。そのような点で，再エネ事業者さんたちが法令順守をしなさいといったときに，アセスで点検をするときに，その中に入ってこないというような盲点があるなども把握いたしました。そのあたりは今日，全く抜けている点だったので，一言補足として申し上げて，指摘しておきたいと思っております。

少し観点を変えますと，非常に網羅的な論点をお示しいただいたのですけれども，これをどのような構図で捉えればいいかを，少しお話し申し上げます。特に，私は地方に暮らしておりますけれども，やはり地域住民の実感といたしましては，大都市圏のディベロッパーが，地元の自然資源を収奪して利益を得ている，このような状況に対する構造的な不満が存在するのではないかと考えています。洋上風力が，ある種，日本においてはこれから進めるべき切り札だというように語られますが，これは基本的には大都市圏への再エネ供給の話として出ている側面が，やはりあるわけです。その点では，再エネの利益を誰が得て，リスクを誰が被るかという財の配分の不公正の話が根幹にある。それゆえに，その制度の改善を図ることもさることながら，この不公正を是正する社会的な仕組みが求められているのではないかというように思っております。

地域主導の丁寧な事業化の事例として，例えば，生活クラブ生協が建設した風車やメガソーラーの建設を契機にして立地地域と消費者がつながる取り組みなどは，このような是正の１つかと思っております。

ただ，いろいろな問題案件の中にかなり手を突っ込んで調べてみますと，大都市圏のディベロッパーが悪いというような対立をあおるつもりはなくて，やはり立地地域の地元の中にも，開発による利益をこれで得ようということで，地元内の調整に動かれる方がどうもいるということは，各地で仄聞をしております。これ自体，結果としてその再エネ開発の中で，地域社会の分断を招いてしまうということで，非常に深刻だと思っているのです。これも，高度経済成長期やバブル経済期にいろいろなブローカーの方々が暗躍されたという話はよく聞くので，やはり中央と地方の構造的な問題を考えなければいけないというように，思いを新たにした次第です。

室谷　いろいろな開発で地域の分断が起こっていますけれども，この再エネ開発についても，深刻な地域の分断が起こっていて，悩まれている住民の方がたくさんおられます。浦さんは自然保護団体として，日本の法制度をどのように捉えていますでしょうか。よろしくお願いします。

■自然保存と法制度

浦　環境影響評価法，いわゆるアセス法は手続法にすぎません。事業者が自然環境に対して高い配慮を示していくためには，先ほどドイツの例で，行政側が市民の意にまったくそぐわないゾーニングをすると，地域住民から訴訟が起こされるというお話があったと思います。そのような中で，自然環境保全に関する法律の整備も重要ですが，それと同時に，やはり一定規模の環境保護団体などに当事者適格を与えて，行政機関や事業者を訴訟可能にするような法律の整備が必要ではないかと考えています。

ヨーロッパでは，オーフス条約などに批准している国では，そのような訴訟の制度がうまく機能しているという話を聞いたことがあります。やはり，訴訟リスクがあるために，国や州や郡などの自治体のレベルによっては，自然環境がいい場所で再エネ施設の建設をするのに，例えば，地域で有力な自然保護団体からの同意をきちんと得るように事業者に指導するなどして，行政機関が自然保護後団体などから訴訟を起こされるリスクを極力低減させようとします。それは，市町村レベルで訴訟を起こされても，裁判などで対応していくことが金銭的にも時間的にも無理だということがあります。そのように，自然保護団体の意見も取り入れるようにという指導を行政側が行うことによって，事業者が無理に希少種の生息地の近くや自然豊かな場所に，あえて再エネ施設を建てようとしなくなっているという話も，ドイツやイギリスで聞いたことがあります。日本でもそのような状況になっていく必要があるかと思います。

先ほど指摘しましたが，1カ所に風力発電などの施設が集中するようになってきています。1つの計画ではアセス実施のための規模要件を満たしていなくても，複数の計画を合わせることで規模要件を満たすのであれば，やはり累積的環境影響評価アセスを実施すべきです。累積評価に関するガイドラインを早急に策定しつつ，その実施を法的に義務付けていく必要があります。また，事後調査の実施を現在のような努力義務ではなく，法的にこれを義務化することでその実施が担保され，それによって今後はどのような立地で環境影響が起きやすいかも予測しやすくなりますし，累積的影響評価の実施にも役立ちます。それには，最初の日弁連の意見書にもあったかと思うのですけれども，アセス図書の保存と公開を義務付け，アセス図書の二次利用を可能にするなど，法律の改正が必要ではないかと思うのです。

また，ミティゲーション，代償措置について，ドイツでは州によっては再エネ施設の建設で失われる分の森林をどこか別の場所で増やす，補填しなければならないという条例があるのですが，このミティゲーションの話は，日本ではあまりされていません。しかし，この再エネ開発との関係においては，代償措置，ミティゲーションについてどのようにすべきか，日本でも議論を始めていく必要があるかと思っています。

室谷　アセスメントの話が出ましたが，北村さん，いかがでしょうか。

北村　日本の環境アセスメント法上では，決して十分とは言えないですけれども，先ほどおっしゃったような水源涵養機能や，さらには地質の改変影響，このようなものに対する項目化も必要のように感じました。そうなってきますと，災害アセスメントも考える必要がありそうです。これは建設時，そして運転時についてのものになるでしょう。

　また，アセスメントについては，やはりゾーニングそれ自体について，要は計画アセスメントや，ひいては戦略的な環境アセスメント，このようなものも必要でしょう。個々の事業の計画もピンポイントだけではなくて，より広いエリアとタイムスパン，この中で考えていく必要があるかという印象を持ちます。そうすると，社会的なアセスメントにつながってきます。合意形成や自治体決定のあり方，考え方にもつながるとなると，これは環境であり社会である。すなわちＥとＳです。そして，それをガバナンスでつなぐとなると，これは全てがESGの話になるかと整理した次第です。

室谷　防災関係法令については日本では省庁の縦割りがとても強く弊害が生じているように思います。森林法でも砂防三法の規制を準用すべきだというような，全国再エネ問題連絡会の意見がありました。防災や水源保全という観点から関係法令に横串を刺すような，国土開発に対する統一的な基準が必要であると考えます。

　森林法の問題点について，茅野さん，いかがでしょうか。

茅野　１点，やや具体の話になりすぎるきらいもあるのですけれども，森林法の運用上の問題について少し指摘させていただきたいと思っております。森林法，今日は大規模なメガソーラーの話が割と多いですけれども，小規模な林地開発の問題も結構あると思っております。森林法では1haを改変の基準にしまして，林地開発許可手続きの対象となって，そこから先は都道府県がカバーすることになっていますけれども，1ha未満の小規模林地開発はいわゆる伐採届を市町村に提出することになっているかと思います。

　私が最近接した事例で，1ha未満の開発を３つの事業者が隣り合って実施した結果として，地理的には同じ流域としか思えない森林で1haを超える規模の伐採が行われ，太陽光発電所が建設されたという実例がありました。県と市町村が連絡を取り合って対応していたようで，間に数十メートルの森林を残すように指導したようですけれども，結果としてその事業者が伐採届を提出した後に，県の指導に沿わずに，残すはずだった森林も伐採してしまった。そのあと，市町村と県の連絡がよくなかったようで，そのままその土地は地域森林計画の対象からも外れてしまったというような経緯がありました。伐採届，これは市町村の所管で伐採の30日前までに届け出があれば伐採できてしまうので，このようなケースのように行政指導が十分に行き届かず失われてしまったものは，もう追認となってしまうところもあるようです。

すでに公表されていますけれども，林地開発許可の規制が0.5haまで強化されるようではあるのですが，制度上，市町村から県への手続きの受け渡しは今後も残るだろうと思いますので，この点，指摘させていただきたいと思います。

3 再エネ政策の政策形成の問題点 ── タスクフォースでの議論

室谷 次に，2020年10月の再生可能エネルギー等に関する規制等総点検タスクフォースというものが設置されまして，再生可能エネルギーの飛躍的な導入の妨げになっている規制一覧が作成されて，「飛躍的導入をめざす」という名目の下に，規制緩和を一気に進めることを意図しました。

例えば，風力発電の環境影響評価手続きを必要とする事業の規模要件の緩和の検討では，当時の河野太郎担当大臣が環境省に，年度内に風力発電の影響評価の対象規模を1万kwから5万kwミニマムに変えないのであれば，菅内閣では所轄官庁を変えざるを得ないというような発言をして，政策にかまわず，結論ありきで強引に規制緩和を進めてきました。 その結果として，アセス要件の緩和だけでなく，緑の回廊を含む国有林の積極的な貸し出しや，保安林解除の手続きの迅速化も進みました。政府は，合理的な根拠に基づく政策形成，EBPMをうたっていますけれども，これはそれからかけ離れた姿勢ではないかと思っています。

この点についてタスクフォースに関与されていた茅野さん，浦さんに少しお伺いします。まず，茅野さんからお願いいたします。

茅野 私は関与したというよりは，準備会合に呼ばれたという立場なのですけれども，これまでの枠組みではそもそもアジェンダ設定が困難だった政策課題を，省庁間の縦割りを排する形で議論の俎上に乗せた点は，私はある程度評価していいのではないかと思っています。一方で今，室谷さんがおっしゃられたようなエビデンス・ベースでの議論が徹底されたかというところは，評価は難しいと思っております。

例えば，エビデンスということで言えば，風力のアセスの規模要件ですけれども，そもそも規模で要件を入れることに実はさほど根拠がないということは，これまでの浦さんのお話からも明らかかと思っております。途中で私も申し上げたように，生態系ネットワークの中でどのような位置を占めるかによって，自然は改変される影響が個々に変わるので，一様に評価できるものではないという理解をしております。

その点で，複雑な問題を複雑さを前提に解くという姿勢が，タスクフォースではもしかすると十分ではなかったのかと，むしろ単純に解こうという姿勢が目立ったかもしれないとは思っております。そこは，やり方の強引さという点では，風力発電に対して国有林の貸し付けを促進することや，先ほどおっしゃられたような保安林解除を支援するような仕組みがあったかと思います。これは歴史的に見ますと，1980年代にリゾート法ができたときに，林野庁も何かできることを出すように言われてヒューマン・グリーン・プランという制度を作りました。これをほうふつとさせるやり方なのです。その点からしてもやはり，今日，何度もこれを言いますけれども，同じ問題が繰り返されているということかと思いました。

室谷　浦さん，いかがでしょうか。

浦　この検討会に，私は専門家ヒアリング対象者兼オブザーバーという形で参加し，ヒアリングでは風力発電が鳥類に与える影響と施設規模の関係について話題提供しました。オブザーバーとして全ての検討会に参加しました。検討会では，風力発電の施設の設置規模が大きくなるほど環境影響が大きくなると言っている委員もいたのですが，再エネ施設の建設が自然環境に影響を与えるのは，基本的には設置規模ではなく立地選定のあり方が問題だということは，先ほど説明したとおりです。これは鳥のことだけではなくて，景観にしても土砂災害にしても同じだろうと思います。大体1万kwの風車は，今どきの風車で言うと2基か3基ぐらいですが，その程度の規模で，お金も時間もかかる環境アセスを事業者負担で実施させることは事業者，特に中小の事業者いじめであるということで，中小規模の風力発電事業は法アセスの対象にすべきでない，日本風力発電協会が指導する自主アセスのみでどんどん風車を建てないと，2030年や2050年のカーボンニュートラル等の目標は実現不可能であるという議論を展開する委員が一定数いらっしゃいました。

ただ，私がその時期にいくつかの事業者とお話をしていく中で感じたのは，規模要件で1万kW以上の風力発電事業が環境影響評価法の対象事業になっていることが風力発電の導入促進の足かせにはなってはいないということです。確かに，その検討会の中では，例えばアメリカでは規模要件が5万kwである，隣の中国でも5万kW，韓国は10万kWであるという説明をする委員の方はいました。しかし，例えば，今日よく話題に出ているドイツでは2万kw以上ですし，イギリスでは風車2基以上，デンマークでは4基以上というように，ヨーロッパの風力発電先進国と言われるような国でも，規模要件は当時の日本のものと大きく変わっていないということから，逆に規模要件の低さや，小規模事業でもアセスをしないといけないことが，風力発電の導入の妨げになっているとは考えられません。私が事業者の方にお話を聞いたことがあるのですが，よく言われているは，基本的にはやはり再エネで作った電気の買取枠の少なさや，接続容量の低さにより，風力発電で電気を作っても受け入れてもらえず，その順番待ちをしないといけないなど，そのような制度設計の面の方が問題だと思っています。

あとは，規模要件の問題点として，現在は第一種事業は5万kw以上に引き上がりましたが，第二種事業の対象となる事業の規模要件はが3万7,500kw以上5万kw未満のもので，経産省が第二種事業に該当すると判断しない限りはアセスを実施する必要がなく，また，アセスを実施するとしても配慮書の作成の必要性は事業者に判断が任されていることが課題と思っています。その場合，例えばアメリカで導入されている簡易アセスの制度のようなものを取り入れて，全ての開発行為で法アセスの必要，不要が判断できるようになるなど，そのような法改正をする必要があるのではないかと思っています。

室谷　タスクフォースの問題点は，再エネの飛躍的導入という目的実現に向けて，一気に規制緩和を行った結果，ただでさえ十分でない自然保護法制にさらなるひずみが生じて，結局，地域での軋轢をますます多発させているというところではないかと思います。きちんとした合意形成や住民参加がないままで，一気に政策を推進することは，結局，本来の目的である再エネ推進自体も停滞させてしまうのではないでしょうか。

4　地域における自治体の取組みの現状と課題

（1）条例での取り組みについて

室谷　次に，地方自治体の取り組みについて考えていきたいと思います。この再エネ問題は，実は地方自治体がかなり悩みながら頑張っているのです。規制条例が各地でできています。地方自治研究機構のウェブサイトが解説付きで紹介していますが，太陽光規制条例については，2020年10月27日時点で，都道府県で6条例，市町村では200条例あります。

自治体のこれまでの取り組みに関する評価や課題について，北村さん，お願いいたします。

■太陽光に関する条例

北村　太陽光に関する条例は，実は，最初の頃は誘致条例でした。補助金を出しますということだったのですけれども，最近では状況が一変しています。今日は，いろいろと問題点が指摘されました。問題事例も指摘されました。問題視されている事業は，形式的に見れば，全て行政法上の手続きは踏んでいます。その状況を変えるには，自然や環境を守るという視点を，法制度の中に規範としてインプットする他はないのですけれども，結果として現在，そのようなことが法律に反映されていない。これは，そうすることへの政治的な支持が十分にはないからです。しかし，これに関する単独法の制定は，どうも難しそうですから，自治体としてはいわば自衛をする，条例で対応する他はない。これが，最近増加している太陽光の規制条例の背景にあるように見えます。

ある事象について，法律上の規制がなくて，条例による規制のみであるということは，逆から見れば，全国統一的な観点からの対応は不要と，国会が判断しているからです。太陽光発電施設の適正な立地は，地方自治法2条1項に規定される，地域における事務そのもののように思います。分担管理原則という縦割りの原則が支配する中央政府とは異なり，地方政府は総合的な行政を進めることができる。これが，地方自治法1条の2第1項によって認められているのです。再エネ発電施設の適正な立地と申しますのは，まさにこの地域における事務ですから，憲法や法の一般原則に反しない限り，事業者の営業の自由や財産権を自治体が条例で制約できることは明白です。憲法94条が，自治体に保障する条例制定権を踏まえたものと言えます。

ただ，条例で注意すべきは，比例原則という考え方です。全域で絶対禁止は違法ですけれども，部分的にそのような地域を設けるほか，立地を許可制にすることは適法です。これらの点については，今日も資料添付されております，日弁連の意見書で的確に指摘されているところです。森林法が森林の公益的機能の公示を否定しているとは解釈できません。そこで都道府県は，自治事務となっている林地開発許可に関して，先に述べたような審査基準の策定や法律の実施条例化をすることによって，法改正を先取りした対応をすることが可能になってきます。

問題は，基準なのです。地方自治研究機構の資料によりますと，条例の内容は地元説明会の開催義務付け，届出制や許可制，改善命令，罰則というものです。条例に規定される義務付けの履行確保に関して注目されますものは，FIT法とのリンケージです。再生可能エネルギー発電事業計画の経済産業大臣の認可基準の1つとして，9条4項2号で再生可能エネルギー発電事業が，円滑かつ確実に実施されると見込まれるものであることと規定しているのです。

その内容として，実は施行規則の5条の2第3号では，当該認定の申請にかかる再生可能エネルギー発電事業を，円滑かつ確実に実施するために必要な関係法令とあり，この関係法令には条例を含むとあります。その規定を遵守するものであることと規定しているのです。条例を含むと，ここでは珍しく何の規制もなく，限定もなく条例と書いてあります。したがいまして，条例において課せられた義務，例えば住民説明会をしなさいというような義務，これをしない場合には計画認可がされない，あるいは，すでに認可を受けた計画について，改善命令の対象になったり，取り消しの対象になったりします。このようなリンケージは，実は経産省から自治体に対しても伝えられています。

しかし，私は，この規則は法律の委任との関係で問題があると考えています。9条4項2号には，経済産業省令で定めるというような個別の委任がないのです。ですから，先ほど申し上げた規則は，包括委任をした54条に基づくと考える他にないですが，そこに，手続的な規制を超えて実態的な規制をすることはできないからです。立地を制約したい自治体や環境派にとってはありがたい規定かもしれませんが，そのようにしたければ，明確な個別的な委任規定を設けるべきです。

室谷　茅野さんは，地域の立場から環境問題にどのように取り組むかについて長年研究されていますが，いかがでしょうか。

■環境問題についての自治体の取り組み

茅野　自治体の条例が変わってきていることは，山下さんと私も書きました『どうすればエネルギー転換はうまくいくのか』という本の中でも触れております。このような条例制定の動き，変化に少なからず影響を与えているものが，これまでFITに基づいて立地してきた再エネ施設が，立地の段階で，また施工の段階で，さらに運転の段階で，各地域に迷惑をかけているものが少なからず存在するという実態なのだろうと思います。

この点で言えば，先ほど触れました，野立て太陽光発電所に，基本的な標識すら提示されていない。そのような発電所が後を絶たないのです。ここは経産省が買取停止措置を取るなど，毅然と対応しなければいけないと思います。その点で，今日は経産省の話が，責任があまり出てこないですが，経産省のこのFIT法の運用の実務が非常に遅れているし，不十分だというところは指摘しておきたいと思います。

北村先生から条例のお話がありまして，日本の環境政策は地方自治体による画期的な制度形成をきっかけに前進してきたことは事実かと思います。再エネ特措法ができる以前から，土地利用に関する条例を持って来たところでは，開発規制制度を持って来たところでは，比較的上手に対応しているかと感じるところもあります。ただそれゆえに，とりわけ環境政策の中でも地方自治体任せにできないところが，財産権が深く関わる土地の開発の制御と自然保護の領域かとも思っております。

もう1点，視点を出しますと，自治体にとっては，やはり規制と推進の両面に取り組まなければ地域の脱炭素はそもそも達成できない。そしてそれは将来，企業立地などにも悪影響を及ぼす可能性があるということです。私は，長野県内を中心に地域の脱炭素戦略作りにも関わっているのですけれども，先日，ある製造業の役員の方から，所在する自治体が脱炭素を実現できない場合には，世界の市場から見放されることになるので，他に拠点を移すしかないという話が市長もいる場でなされました。世界の状況をふまえれば，かなり極端な発言かとも思えません。この10年の再エネの急増への反応として極端な措置を取っていると，長期的には産業や雇用へも波及する可能性がゼロではないということを，やはり考えるべきかとも思います。

その意味で言うと，時代はFITから，環境価値の付いた電気を需要家側が手に入れたい，そのような時代にシフトしていることもありますので，地方自治体もやはり長期的な視野で，政策の体系を組み立てていくべきだと考えています。

室谷　浦さん，いかがでしょうか。

浦　メガソーラーや大規模風力がテーマになっているのですけれども，私は小型風力発電について，条例というところで少し問題点があるかと思っているのです。今，小型風力の買取価格が55円だった時代に認定を受けたものの建設が進んでいて，私は鳥の調査でよく北海道の北部に行くのですけれども，行くたびに定格出力20kW以下の小型風車がどんどん進んでいる状況です。これは経産省から認定を受けてから一定期間が過ぎると，55円という買取価格が保持されないことから，今，一生懸命，慌てて建てている状況だと思うのです。市町村の方も早急に市町村の条例を策定して，小型風力の建設に関して十分な環境配慮を行うように，事業者に求めている自治体はあるのですけれども，自然環境保全の観点から言うと，あまり条例が機能していないのではないかと感じています。

小型風力をアセス法の対象にすることは，やはり規模が小さいので難しいかと思うのですが，それであれば，小型風力とはいえ，立地場所を誤れば環境や住民に影響があるので，立地誘導をして設置場所をある程度でも指定していく必要があると考えます。明確な環境配慮基準といいますか，除外区域の指定など，ある建物や自然環境から一定の距離の範囲には，小型といえども風車は建てるべきではない，などの基準を作っていく必要があるかと思います。今後であれば，条例ではなく，促進区域の指定の中でもできるのではと思います。

室谷　小島さんは，地域の課題をどのように考えますでしょうか。

小島　地域の課題の中でも，特に土砂災害や水害の防止や，従来から観光や保養のために重要な意味を持ってきた場所を保全するといったようなものは，十分な立法事実もありますし，手段として適切で意味があるだろうと思います。

課題となってくることは，やはり鳥類をどのように保全していくかという土地利用規制が，国の法律として，今まで必ずしも十分にあったとは言えないわけです。国の法律として十分にない中で，条例でそれをどこまで規制することができるだろうかというところが，1つ大きな課題になってくるのかというところがあります。恐らく，必要な場所を限って，この場所は特に保全のために必要だからということで対処していけばいいと思うのですけれども，最近時々見られるものが，市町村域全域を保全地域にしてしまうなど，そのようなものが出てくるなどしていて，それは少しまずいのではないかと思っていまして，その辺は少し配慮が必要だろうと思っております。

（2）条例以外の取り組みについて

室谷　条例について意見を伺ってきましたけれども，自然環境や生活環境を地域が守っていくための自治体の課題や施策について，条例以外についても簡単にお伺いしたいと思います。

茅野さん，いかがでしょうか。

茅野　資源は，人が働きかけるからこそ資源になるのです。今日は森林開発の話が非常に多いですけれども，森林が森林のままである状態に，資源としての価値が見いだせていないということに尽きるのかと思います。

地域が守るということは，地域が働きかける，すなわち森林として使うということと一体として成立します。その点で言うと，私が関わっている事例で言えば，長野県の安曇野市の事例をご紹介したいと思います。こちらは里山再生計画という行政計画を，2015年に策定いたしまして，今年で丸8年になります。私は，推進協議会の会長を仰せつかっているのですけれども，いわゆる森林計画とは少しスタイルの違う，市民の暮らしの中に里山の資源，恵みを少しでも取り入れる，このようなことを促すために作られた計画です。そのために，里山の整備の機会を市民参加で多数設けていく，このようなプロジェクトを展開しております。安曇野と言えば，軽井沢と同じように別荘地も多くて，森林の中に別荘がモザイク状に存在していますので，状況は複雑ではあるのですけれども，先週末も住民の皆さんと一緒に薪生産の現場に行くなど，多くの市民の目が里山に向いていることは実感されます。現に，安曇野市内でも太陽光発電所には問題案件もあるのですけれども，住民の方々がやはりそれはまずいということで動いている，そのような事例もあるかと思いました。

室谷　北村さん，いかがでしょうか。

北村　森林が守れないというのは，事情はさておき，結果として所有者の方にその気がないということです。貸した方がまし，売った方がましなどと考えられるからなのでしょう。このお気持ちを変えていただかない限り，守るという結果は実現できない。また，守るということは，恐らく放置することとも違うはずです。単に切るなということでは，結果として森林を守ることにはならないように思いました。これらの森林が，例えば森林経営管理法の下でどのような位置付けになっているかも，少し調べてみる必要がありそうです。

一方，発電をする事業者の側に立ってみたらどうでしょうか。とにかく，発電事業をして利潤を上げたいと思うわけですから，環境といっても，見える範囲はどうしても狭くなってきます。住民は恐らく，もっと広い範囲，長い時間で環境をごらんになっていらっしゃいますけれども，事業者は事業者で大変な思いをして土地の手当てをなさるわけです。それを自由にさせておいて，後からあれこれ言うことは後出しじゃんけんになるわけです。環境はもちろん公共財だと申しましても，それだけでは何のご利益もない。どのように森林管理をするかを自治体の計画の中で合意をする，いわば環境公益を具体化する必要があるかと思います。

それを踏まえて，本日の議論であれば，環境と防災の両面からの基準を踏まえて，先手を打ったゾーニング，これもアセスメントが必要ですけれども，それが重要かと考えました。施設の設置で地元の自治体のためになることは，固定資産税の収入ぐらいかと思います。複雑な工事に，地元事業者が対応できるようにも思われません。法定外税を徴収し，それを原資として地元住民の電気代に補助金を払うなど，そのようなことも必要かと思います。

今日，お話を伺っていて感じましたのは，やはりいろいろな事業者がいらっしゃるということです。あたりまえです。いろいろな事業者がいらっしゃいますけれども，発電する電気に色は付いていないのです。悪質業者と言われる方が作っても，そうではない方が作っても，電気は電気です。フェアトレードという概念があります。コーヒー豆であっても，美味しいだけではなくて，どのようなプロセスでそれが生産されているかを問題にする，このようなことが食品の世界ではありました。ですから，この電力も，そのような事業者の方の情報を正確にマーケットに提供して，その方によるプロダクトであるのかどうかというフェアトレードという発想を，フレームワークを作って実現することがいいのか，条例ではなくマーケットの力を借りるということは何回も出てきておりますけれども，そのように感じた次第です。

室谷　最近，再エネ施設や事業に対して課税をする動きが出てきています。岡山県美作市で太陽光発電事業に課税をする動きが出てきて，総務省が事業者と話し合うようにという指示を出して，今は課税に至っていません。宮城県でも再エネを，森林を除外して適地に誘導するというような意図で課税の検討，0.5ha を超える森林開発を伴う再エネ事業に営業利益の約20％を税率とする課税を行う「再生可能エネルギー地域共生促進税」を導入，2024年4月より課税が始まっています。このような動きについて，どのように捉えられているでしょうか。

茅野さん，お願いいたします。

茅野　これはもう，一言に尽きると思います。自治体がそのような仕組みを作らなければならないほど追い込まれているということが，そもそもの問題ではないかと思います。適法性については今日，法曹の方々がいらっしゃるので，そちらにお任せしたいと思います。

室谷　小島さん，いかがでしょうか。

小島　この問題は，そもそも課税の問題なのかというところがあります。今日，特に環境関係の課税は，やはり環境に悪影響を及ぼす場合に税金をかける。環境に対してよい影響を持つものには補助金を出すという基本的な考え方に立っていると思います。その点で言うと，太陽光発電をするということだけで，その全てが環境に悪いことにはならないと思います。やはり本来で言えば，一律に，太陽光発電に対して環境に悪いということで税金をかけるわけではなくて，条例で太陽光発電を促進する地域と抑制する地域を決めて，条例によって規制するという問題なのだろう。そうした形で自治体ができることは多いので，それを進めることの方が，むしろ重要ではないかと思います。

私たち弁護士の反省としては，そのようなことを十分に支援してきただろうか。そのようなことができなかったがゆえに，今回，その税金というような動きにもなってきてしまったのではないかと反省しております。

室谷　地方自治体，さまざまな形で奮闘しています。住民の生活や意見が置き去りにならない形で，地域の立場から，地に足のついた議論をしていくことが大切だと思います。

5　再エネ政策に関する根源的議論の不在

最後に，再エネ政策に対する根源的議論が不在ではないかという点について，議論していきたいと思います。

茅野さん，いかがでしょうか。

茅野　これは，国レベルでも地方レベルでも，2050年のカーボンニュートラルを達成するためにどれだけの再エネが必要なのか。この事実の提示と，それに基づく根源的な議論がほとんど手つかずだということには，非常に危機感を覚えているところです。私がいる長野県や鳥取県，このようなところでは県レベルで積極的な目標を設定して，地域と調和するような施策も次々と打ち出して，地域主導の再エネを増やすことを柱にしています。ただ，このような地産地消ができるかもしれない地方と，再エネ資源が少なくて，地産地消が難しい大都市圏，これがいかにして再エネを手に入れるのか，また手に入れるべきなのか。この話は，同じ再エネ開発でもやはり文脈が異なると思います。

その点で後者，つまり大都市圏での再エネ供給をどのように考えるか，この根源的な議論ほど手が付いていなくて，問題かと思っております。今日のお話にも少しありましたが，一部に再エネの立地地域に対する交付金制度，これを設けるべきだという意見があることは承知しているのですけれども，これは使い方によっては，電源三法交付金と同じようなものになってしまうとも考えられて，私は再エネと並行して，原子力立地地域を長年見てまいりました。その経験からすると，それが資源を有する地域と，需要を有する地域の関係をフェアなものとするのかどうか。先ほど，北村先生からもフェアトレードのお話がありましたけれども，この点を踏まえて慎重に吟味する必要があるのではないかと思っております。

室谷　北村さん，いかがでしょうか。

北村　茅野さんがおっしゃった，生産地と消費地の関係の議論は重要です。貴重な生活環境を犠牲にして，再エネ電気をつくる都市部以外の地域と，その受益を一方的に享受する都市部と，いわば環境正義の問題です。これは，現代版のダム問題と言えるかもしれません。茅野先生のご指摘のような経済的調整と共に考えなければ，議論は何ら説得力を持たないような気がいたします。地元への安価な電力の供給義務付けや，ドイツにあるような法人事業税の重点配分，このような立法政策も，検討に値するように思われます。

室谷　浦さん，いかがでしょうか。

浦　再エネの導入の重要性は，気候変動対策やエネルギーの自給率の向上，化石燃料枯渇やエネルギー安全保障の問題などがある中で，気候変動対策の必要性については，または一部意識の高い方は別として，多くの国民の議論の対象や関心事にはなっていないと感じています。これは政府が国民に対して，気候変動問題への意識を持てるような材料の提供があまりできていないせいではないかと思っています。それほど，常日頃気候変動の問題を，例えばテレビなどを見ていても，たくさん目にするという状況ではないかと思うのです。国民一人ひとりが気候変動問題に対して個人としてできることは何か，政府，国が果たすべき役割は何かなどを考えるような状況，意識ができていないのかと思います。

また，先ほどの促進区域の話になるのですけれども，地域の人々の中で，その地域として守るべき環境，宝として捉えるべき資源などは何かというような，地域での自然環境教育のようなものも，まだまだ弱いと思っています。そのあたりの意識が向上してこないと，この再エネの問題をどうするのか，なかなか議論が国民の間や地域の間では深まらないのではないかと思います。

室谷 小島さん，いかがでしょうか。

小島 先日も，COP27があったばかりですが，国民の意識を変えることで，本当に政策が変更するのだろうかというような問題もあって，どのようにすればいいかは簡単ではないのです。1つあり得ることは，先ほど茅野さんの話にも出てきたように，企業の行動がやはり政策決定に及ぼすところは非常に大きくて，今日，グローバルな展開をしている企業にとっては，良質な再エネの電気を調達することは，非常に重要な意味を持ってきているのです。その意味では，先ほどフェアトレードという言い方も出ましたけれども，多分，再エネも環境破壊型再エネの電気を使っています，あるいはきちんとした再エネをやっています，そうではない電気ですというところで，電気そのものに確かに色はないですけれども，どのような電気を使っているかによって，その作った製品が選別される時代に今，世界的になりつつあるだろうと思うわけです。

そのような時代の中においては，結局，地方自治体が仕分けをして，完全に地域住民とも良好な関係を保ち，環境保全にも悪影響を及ぼさないところでやっていけば，きちんとした良質な電気だという評価がされて，それを企業が安心して購入して，グローバルに展開できる。そのような企業行動の関係から，逆に，そのような良質な方向を求める動きを作っていくということも，1つの考え方としてあるのではないかと思います。

■視聴者からの質問

室谷 視聴者からたくさん質問をいただいております。

まず，1点です。営農型太陽光発電は，高齢化によって耕作放棄地が増える中で，10年から20年にわたる新たな営農計画を立てることは，実は高齢者では難しいのではないかという質問です。農地は農地として活用することが大前提ではないか。営農型の発電施設を，売電収入が多いから導入するというようなインセンティブは，かえって家族農家，小規模農家を破壊するものではないかというご質問です。

山下さん，回答いただけますでしょうか。

山下 はい。ご質問をありがとうございます。まず農業，農村の高齢化は，食糧自給率や安全保障上の大きな問題なので，これはこれで非常に大きな問題として大事です。一方，それでエネルギー問題の解決と両立できる，いわゆるコベネフィットの視点から，営農型太陽光は必要で重要だと思っています。

2つめに，耕作放棄地と優良農地，再生可能な農地と再生不可能な耕作放棄地などの問題は分けて考えていくべきですし，優良農地であっても農業生産は引き続き高めていくことが重要だと思います。例えば農家さんの中で両方やりたいという方がいれば，それは優良農地であっても必要だと思いますし，一方で，再生不可能な耕作放棄地等に関しては，そこはもう野立て太陽光にしてしまうことも1つだと思うのです。そのような形で，農家さん自身がどのようにしたいか，国全体として農業をどのようにしていくべきか。一方で，最適な利用という点から，再生不可能な耕作放棄地をどのように使うかも，やはり議論しながら決めていくべきところだと思います。

私たちが関わっているところは，本当に30代，40代の若い方が，高収益農業と太陽光を両立させようとしているところなので，そのような方が増えていくことは，今，農家さんでも後継ぎさせたくないという方も多い中で，むしろ希望ではないかと思っています。

室谷　次の質問です。環境影響評価法の問題として，再エネに特有の問題があると考えています。発電事業について，アセス法の規定の適用除外と，電気事業法に，国（経産省）の関与を強化し，立地自治体の権限を弱める，ほとんど発言権を与えない法律になっています。これは問題ではないでしょうか。小島さん，いかがでしょうか。

小島　発電事業は，環境影響評価法が造られた時の経過から，特別な扱いになっているのは事実です。その結果，法律上の記載は不十分であるように見えます。しかし，発電所について規定する，主務省令である発電所アセス省令をみると，他の事業に比べ，地方自治体の関与などについて劣っている部分はありません。例えば，計画段階配慮制度における，配慮書の案や配慮書に対する地方自治体や一般の人々からの意見聴取手続きの規定（発電所アセス省令12条）は，義務規定となっているなど，むしろ他の例（例えば，道路アセス省令12条「努力義務」とされている）よりもいいところが見受けられます。その意味では，実は，主務省令の文言上は，立地自治体の権限はそれなりに保障されています。

むしろ，問題はその運用面にあります。例えば，発電所アセス省令では，3条で，立地の代替案などを作成しなければならないことになっています（発電所アセス省令3条）が，太陽光発電においても，火力発電所においても，立地の代替案が作られる例はほとんどありません。また，配慮書の段階での意見聴取で，そもそも住民への周知徹底が不十分で，知られない場合も多いです。住民参加を実効的なものとし，内容的にも環境影響を効果的に減らすためには，計画段階配慮の時点で，周辺住民などから十分な意見聴取の機会を確保すること，また，立地や他の発電方法の検討など複数案（代替案）検討をすることが欠かせませんが，それもほとんどされていません。そうした点を裁判で問題にしても，裁判所は，なぜか，違法でないとしています。

このような状況を変えることが必要なことは間違いありません。

室谷 3つ目の質問です。今の質問とも関連する質問です。発電事業について，アセスを弱める仕組みの大元は，平成10年の通知,「環境影響評価法の施行について」の中に書かれている，電源立地円滑化のためというところですが，この発想は大きな電力会社だけが発電事業になってきた時代のもので，現在のものとは合っていないのではないかという質問です。むしろ，再エネ事業については，地方自治体の発言権を通常のアセスよりも強める必要があるのではないでしょうかということです。

小島延夫さん，お願いいたします。

小島 これは全くおっしゃるとおりです。従来の発電所をアセス省令の対象にしていた事業は，火力発電所，原子力発電所，大規模水力発電所といったものが中心ですから，そのようなものの審査について，経済産業省が中央集権的にやるということは，ある程度の合理性はあっただろうと思います。

ところが，今回問題になっています太陽光発電にしても，風力発電にしても，極めて地方分散型で，問題になっている状況としては森林法の許認可なので，森林法の許認可は，大きく言えば林野庁につながる権限のところです。それを経済産業省で環境アセスメントを司ることが，適切なのだろうかということになってくるだろうと思いますので，どこが主務官庁としてアセス省令を作るかを含めて，もう1回考え直した方がいいだろうと，ご質問を受けてそのように思いました。

室谷 4つ目の質問です。山下さんへの質問です。①ドイツの事例ですが，太陽光発電事業と自然環境の保全（ビオトープ）・家畜の放牧などの両立は，事業主体が地域の農家や環境団体（に近い事業者）であるという背景によるものではないのですか？日本に農業者や地域による自然エネルギー事業を育てるという政策があれば，地域外事業者による大規模な自然破壊型の自然エネ事業は抑えられたと思うのですがいかがでしょうか？

②タテ設置のソーラーシェアリング設備は，両面発電のPVパネルを広い間隔を空けて東西方向に設置することで，牧草地など農地の用途（適切な農作物）が限られることはないでしょうか。また，このようなPVパネルの使用とその施工は，地方の施工事業者にも可能でしょうか。山下さん，いかがでしょうか。

山下 ①ですが，そもそもドイツでは自然環境の保全は，法律的にも優先度が非常に高い上，野立て太陽光の下の活用方法（地域の植生の再現など）は太陽光事業者と自然保護協会等との間での協定もあり，地域の自然保護担当局からの指導もかなり入ると聞きました。 Mooshofの事例は地域のエネルギー事業者や協同組合ですが，187MWの巨大メガソーラー事例は現地から離れたドイツの三大電力事業者の1つがオーナーですので，規模や事業者によらずとなっています。日本では，地域のことをよく知る地元住民が，地域のために再エネ事業を行うならば，さまざまな取り組みが可能ですし，わざわざ自然破壊型の巨大事業は作らなかったとは思います。

②ですが，垂直型は10mほどパネル間隔を空けていますので，多くの種類の作物を農業機械も使いながら育成できると考えます。まだ日本での本格的な導入は1件ですので，とりあえず牧草を育てていて，新たな農作物は今後試すことになります。藤棚型でも色々な作物ができますので，植え方の工夫はあるかもしれませんが，日射の問題はあまりないと考えています。

6　最後に一言

室谷　本当に多様な法律が問題になる中で議論を進めてまいりました。最後に，一言だけお願いいたします。

北村　環境に相当のインパクトを与える再エネ発電施設の規制による，これにおける国，都道府県，市町村の適切な役割分担関係，そしてその内容をどのように考えるかを，改めて考えさせられました。分権時代の法制度設計論の論点が認識できました。

また，そもそも電力需要の抑制をどう考えるかが根本的な問題です。われわれが，家庭で60％ぐらいの電力削減をしないと達成できないということについて，国民の役割についてもこれから考えていく必要がありそうです。

茅野　今，やはり再生可能エネルギーをめぐって，地域でも都市部でも社会の分断が起きていると思っております。これを修復しながら2030年，2050年へと進んでいかなければいけないところです。政府は，2030年までに温室効果ガスの排出削減目標を持っておりますけれども，生物多様性の世界では，2030年までに実効性のある保全策を国土の30％に適用する，30by30（サーティ・バイ・サーティ），このような理念も国際的な約束になっているところです。この両方を追いかけなければいけないのではないかと，今日，改めて確認することができましたし，われわれ研究者も，環境エネルギー政策と自然保護政策，これを両方視野に入れた議論をしていかなければいけないと，ますます感じた次第です。

浦　先生方のお話，大変勉強になりました。今回のシンポジウムを通して，自然環境と共生しながら再エネを導入していくのに，法律によるアクセルとブレーキの存在，両方が重要であるにもかかわらず，日本ではアクセルの方が多いというようなことを，改めて認識した次第です。今後は，より強力に自然が保護される法律や制度が日本でも作られるように，もっと自然保護団体の職員として勉強しながら，いろいろ働きかけていければと思います。

小島　実は，今回，メガソーラーで出ている問題は，もう 1990 年代のゴルフ場開発，あるいはリゾート開発で出てきた問題が，再度出てきたというところです。だから，日本の場合は自然環境を守る法制度がほとんどない。また，それを守ろうとして訴訟を起こしても，原告適格がなかったり，あるいは計画だから訴訟対象にできなかったりといったような，日本の自然保護法制の問題点と訴訟制度の問題点が，ずっと長年にわたって，40 年来指摘されてきたのです。しかし，それが何ともできなかった。そのようなことが，端的に表れているような気がします。法律家として，このような状況を何とかしなければいけないという思いを強くした次第です。

室谷　パネリストの皆さん，ありがとうございました。これでパネルディスカッションを終了します。自然環境の問題，地域住民の生活の問題，今まさに起こっている問題で，早期に方向転換できるかということが，貴重な自然を残せたり，人命を守れたり，そして再正可能エネルギーを推進できるかということにもかかっていると考えています。今日の議論がご視聴いただいている皆様に，問題の実態やあるべき方向性についての理解をするため，次につながるものへとなれば幸いです。私たちも，次に向かっていきたいと思います。ありがとうございました。

【資料 1】

森林の多面的な機能について

日本学術会議の答申では，森林には次のような多面的機能があるとされています。なお，以下の記述は，農業・森林の多面的機能に関する農林水産大臣からの諮問に対する日本学術会議の平成 13 年 11 月の答申のうち，「12 森林の多面的な機能各論」の部分を簡略化したものであることをお断りしておきます。

(1) 生物多様性保全

生物多様性保全機能には，遺伝子保全，生物種保全，植物種保全，動物種保全（鳥獣保護），菌類保全，生態系保全，河川生態系保全，沿岸生態系保全（魚つき）等の機能が含まれている。

森林には，多数の動植物が生存し，遺伝子レベル，種レベル，生態系レベルの生物多様性を保全している。森林の存在は，流域の水循環や物質循環を通して，河川生態系や沿岸生態系の形成・保全にも役立っている。

森林には，人間活動の影響をほとんど受けていない天然林，伐採などの人間活動の結果でき上がった二次林，もっぱら木材生産のために単一の樹種を植栽した単層・複層の人工林など，さまざまな種類があるが，それぞれが保有する生物群集は固有のものであり，「生物多様性の保全」のためにはこれら多様な森林をそれぞれ維持することが大切である。

里山の二次林は天然林では見られない新たな生態系を生み出した。スギやヒノキの人工林は，植栽時に一時的に低下する生物多様性のレベルも高齢林では天然林に近いレベルに回復し，例えば農耕地に比べると，はるかに生物多様性は高い。森林は，野生生物の大半を保有していると言われている。

森林は長い地球の歴史を通して形成されたものであって，その存在そのものが，人類が歴史的存在であることの証となっている「かけがえのない存在」である。

生物多様性基本法の前文にも述べるとおり，人類は生物の多様性のもたらす恵沢を享受することにより生存しており，生物の多様性は人類の存続の基盤である。

(2) 地球環境保全機能

地球環境保全機能には，地球温暖化の緩和，二酸化炭素吸収，化石燃料代替エネルギー，地球気候システムの安定化等の機能が含まれている。

樹木は，大気中の二酸化炭素を吸収して光合成を行い，大気中に酸素を放出するが，一方では呼吸により二酸化炭素も放出する。また，土壌微生物も有機物を分解して二酸化炭素を放出する。森林バイオマスエネルギーの消費は，新たな森林の光合成によって取り戻せる循環型エネルギーの消費であり，その分，化石燃料を消費させないことによる二酸化炭素放出防止効果が期待できる。

林野庁は，森林の成長量をもとに二酸化炭素吸収量を 97,533 千トン / 年（1995 年時点）と推定している。

【資料1】森林の多面的な機能について

森林の林冠はその地域のアルベド（反射率）を小さくし，樹冠遮断蒸発と光合成にともなう蒸散作用によって地域の蒸発散量を大きくする。したがって，森林の広がりは大気大循環にも影響を及ぼし，地球気候システムの安定化に役立っている。

(3) 土砂災害防止機能

土砂災害防止機能には，土壌保全，表面侵食防止，表層崩壊防止，落石防止，土石流発生防止・停止，飛砂防止，土砂流出防止，土壌保全（森林の生産力維持），その他の自然災害防止，雪崩防止，防風，防雪，防潮等の各機能が含まれている。

森林土壌は孔隙（間隙）に富む上，落葉落枝や林床植生が土壌の表面を保護するので，雨水はほとんど地中に浸透する。そのため，地表流が発生する裸地面に見られる「表面侵食」はほとんど発生しない。また，日本の森林の大部分は山腹斜面上に存在するが，そこでは樹木の根系が表層土を斜面につなぎ止めることによって「表層崩壊」を防いでいる（基盤岩や厚い堆積層が崩れる深層崩壊は防げない）。

落石や土石流の防止，海岸での飛砂の防止の機能，侵食された土砂が下流に流出することを防止する土砂流出防止も重要な機能である。

表面侵食防止に代表される表層土の保全は有機物に富む土壌層が流出するのを防ぐものであり，森林の生産力の維持に極めて有効である。したがって，森林生態系において極めて重要な養分循環の観点から，森林の「土壌保全」機能を別個に評価することができる。

森林にはその他の自然災害防止機能として，雪崩防止や防雪，防風，防潮等の機能がある。

なお，土砂災害防止機能とその他の自然災害防止機能，さらに水源涵養機能は，併せて森林の「国土保全機能」と呼ばれる。

林野庁は，地質区分ごとの有林地・無林地別侵食土砂量の差から日本の森林の表面侵食防止量（林野庁資料では「土砂流出防止量」と表現）を51.61億m3/年，また，単位面積あたり有林地・無林地別崩壊面積率の差から日本の森林の表層崩壊防止面積（一部，その他の崩壊を含む）を96,393ha/年と計算している。

(4) 水源涵養機能

水源涵養機能には，洪水緩和，水資源貯留，水量調節，水質浄化等の各機能が含まれている。

森林は，おもに森林土壌のはたらきにより，雨水を地中に浸透させ，ゆっくりと流出させる。そのため，洪水を緩和するとともに川の流量を安定させる。また，森林から流出する水は濁りが少なく，適度にミネラルを含み，中性に近い。このように，森林の存在が川の流量や水質を人類社会にとって都合がよいように変えてくれるはたらきを森林の水源涵養機能という。

洪水緩和機能は，森林が洪水流出ハイドログラフのピーク流量を減少させ，ピーク流量発生までの時間を遅らせ，さらには減水部を緩やかにする機能であり，おもに雨水が森林土壌中に浸透し，地中流となって流出することによって発現する。すなわち，森林がない場合に比べ，山地斜面に降った雨が河川に流出するまでの時間を遅らせる作用である。しかしながら，大規模な洪水では，洪水がピークに達する前に流域が流出に関して飽和に近い状態になるので，このような場合，ピーク流量の低減効果は大きくは期待できない。

水資源貯留機能は，上述の機能を水利用の観点から評価したもので，無降雨日に河川流量が比較的多く確保される機能，言い換えれば，森林があることによって安定な河川流量が得られる機能である。一般にわが国の河川は急流であり，貯水ダムの容量も小さい。このため，洪水流量の大部分は短時間に海まで流出する。そこで，森林が流出を遅らせることは，無効流量を減少させ，利用可能な水量を増加させることを意味し，水資源確保上有利となる。

以上の機能は森林流域からの流出と森林を消失した荒廃流域（代替流域として都市化流域が用いられる）からの流出を比較したとき明瞭に示され，森林を「緑のダム」と称する根拠となっている。しかし，流況曲線上の渇水流量に近い流況では（すなわち，無降雨日が長く続くと），地域や年降水量にもよるが，河川流量はかえって減少する場合がある。このようなことが起こるのは，森林の樹冠部の蒸発散作用により，森林自身がかなりの水を消費するからである。

一方，水質浄化機能は，森林を通過する雨水の水質が改善され，あるいは清澄なまま維持される機能である。これらは，森林土壌層での汚濁物質濾過，土壌の緩衝作用，土壌鉱物の化学的風化，飽和帯での脱窒作用，さらには A0 層（落葉落枝及びその腐植層）や林床植生の表面侵食防止効果等によって達成される。

なお，林野庁は，日本の森林の洪水緩和量を 1,107,121m3/sec，水資源貯留及び水質浄化の評価の基礎となる森林への降水浸透量を 1,864.25 億 m3/ 年と試算している。

(5) 快適環境形成機能

快適環境形成機能には，気候緩和，夏の気温低下（と冬の気温上昇），木陰，大気浄化，塵埃吸着，汚染物質吸収，快適生活環境形成，騒音防止，アメニティー等の機能が含まれている。

森林生態系の構造や活動の，おもに大気やエネルギーの循環に関わる物理的な作用の中にはより快適な環境を形成する一連の機能がある。

森林は蒸発散作用を活発に行って潜熱として消費するエネルギーを増加させ，結果的に湿潤な夏の気温を低下させる機能がある。また，乾燥した冬には気温を上昇させる可能性が指摘されており，これらは森林が持つ基本的な物理的性質である。したがって，森林には気温緩和効果があり，一般には快適環境形成機能として認識されている。

夏，ヒートアイランドと呼ばれる大都市内に点在する森林の内部は，気温の低下と木陰の効果により絶好の憩いの場になる。近年積極的に進められている屋上緑化をはじめとするさまざまな都市緑化の試みは，こうした森林の気候緩和効果を積極的に利用しようとしたものである。

【資料1】森林の多面的な機能について

樹冠による塵埃の吸着，汚染物質（硫黄酸化物，窒素酸化物）の吸収は，樹木にとっては災難だが，都市林の重要な機能である。また，樹林帯の防音効果を利用した騒音防止，遮蔽効果を利用したプライバシー保護も森林生態系の構造を利用したものである。
さらに，都市住民は常に心理的・生理的ストレスを受けていると言われる。都市林はそのようなストレスを軽減し，人々の暮らしに安らぎと潤いを与え，快適な生活環境をもたらす。
街路樹や高速道路の樹林帯は，ほぼ快適環境形成機能を総合的に利用したものと言える。今後，自然と共生できる快適居住空間として森林の近くで住むこと等も含めて，さらに利用が進むであろう。
本機能の発現も基本的には物理的メカニズムによるので，個々の定量的評価は不可能ではない。ただし，人の感情にかかわる部分の評価には次項と同様の事情がある。

(6) 保健・レクリエーション機能

保健・レクリエーション機能には，療養，リハビリテーション，保養，休養（安らぎ，リフレッシュ），散策，森林浴，レクリエーション（遊び），行楽，スポーツ，つり等の機能が含まれている。
これらは森林と人間の肉体的あるいは精神的ふれあいから生まれた森林の機能である。森林は，肉体的（生理的），精神的（心理的）ストレスを持った人間にとって，安らぎや癒しの効果をもつ空間である。
また，フィトンチッドに代表される，樹木からの揮発性物質による直接的健康増進効果が認められている。したがって，「森林浴」や散策が好まれるほか，健康の回復を図る療養施設や，休養あるいは健康の維持増進を目的とする保養施設は森林地域に造られることが多い。
森林空間はまた，上述の特徴を持つほかに，日常を離れた斜面空間，水辺空間，高標高空間等を持つ自然空間である。したがって，散策，ピクニック，ハイキング，つり，キャンピング，オリエンテーリングなどの行楽やスポーツが森林の場で行われる。フィールドアスレチックスや登山などによって，さらに積極的に自己の肉体的，精神的向上を図ろうとする人々もいる。

(7) 文化機能

文化機能には，景観（ランドスケープ）・風致学習・教育，生産・労働体験の場，自然認識・自然とのふれあいの場，芸術，宗教・祭礼，伝統文化，地域の多様性維持（風土形成）等の機能が含まれている。
遠い祖先が長い間森の中で暮らし，稲作伝来後は農業と森林の管理・利用が一体となった農山村社会の中で暮らしてきた日本人は，原体験として森林と接した経験を持っている。しかも，きわめて強い親和的一体感のおかげで，日本人はむしろそれに気づくことなく自然の影響を受けてきた。その間に森林は日本人の自然観を形成していったばかりでなく，感性，思考，思想など，日本人の「こころ」のあらゆる面に多大な影響を及ぼしたのである。具体的な例をあげれば，森林ランドスケープは行楽の対象，芸術の対象として人々に感動を与える。

森林がこのような文化機能を備えているために，森林を用いた，あるいは森林の場での学習・教育は，単なる自然や環境に対する体験や正確な知識の習得だけにとどまらない。情操教育効果も十分見込めるし，さらに芸術的モティベーションを高揚させ，宗教心を高めるのである。このような観点から，日本の学校教育においても現在は森林環境教育がきわめて重要な位置を占めるようになっている。

一方で日本の伝統文化は森林文化を基盤とした稲作文化として形成されたものであるから，森林の存在は伝統文化の継承・発展に不可欠である。さらに，日本の気候・風土は豊かな地域性を生み出してきたが，風土の構成要素としての森林は地域の多様性の創出・維持に貢献している。すなわち，森林の存在は森林文化・稲作文化の基盤としても，風土の構成要素としても，地域の形成に大きくかかわっているのである。

(8) 物質生産機能

物質生産機能は，木材，燃料材，建築材，木製品原料，パルプ原料，食料，肥料，飼料，薬品その他の工業原料，抽出成分，緑化材料，観賞用植物，工芸材料等を生産する機能である。

森林の物質生産機能は，人類の発生以来，森林の最も重要な機能として人々に認識されてきた。特に日本人はかつて森の民であり，日本人にとって森の生産物は生活必需品であり，同時に生活を豊かにする材料であった。

森林は木材のほかにも多くのものを生産する。特用林産物と称されるこれらの中にはウルシやキリなど日本の工芸文化の基礎をなすもの，きのこ等木材の取引額を超えて重要な経済品目となっているもの，セルロースやヘミセルロースをはじめ，これからの発展が期待される抽出成分等の化学物質，緑化植物，庭園材料，観賞用植物等がある。

【資料 2】

風力発電による騒音・低周波について

1　風車建設地での健康被害が発生

風車による健康被害は，発電用の風車のある世界各国でも問題となっているが，日本では，2000 年代より，風車建設地近くの住民が不眠，肩こり，耳鳴りなどの被害を訴える形で問題化している。これらの症状の原因は，風車による騒音や低周波であると言われているが，科学的に解明されていない点もある。

日本弁護士連合会では，2013 年 12 月 20 日に，「低周波音被害について医学的な調査・研究と十分な規制基準を求める意見書」を公表し，被害者の実態を踏まえた調査や健康被害の防止に足りる規制基準の作成等を求めた[1]。

低周波は周波数が低く，人の耳にはほとんど聞こえない音であるが，風力発電では，低周波音の方が通常の音より卓越するとも言われている。

健康被害が現れるか否かは，人により異なり，症状が出ない人もいるため，健康被害が生じても「気のせいである」「風車以外に原因がある」とされて，問題と捉えられないことに苦しむ人も多い。

低周波音の特性として，風車との距離が離れても減衰しにくく，壁や窓によって遮音しにくい，部屋と共鳴振動しやすいという性質を持ち，室内の方が，被害が出やすい場合がある。

最近でも，高知県大月町や秋田県由利本荘で健康被害の発生が報告されている[2]。

海外では，低周波の人体への影響に関する研究もおこなわれており，頭痛や，めまい，不眠だけでなく，脳や心臓等人体そのものに影響を与える研究成果がある。ポルトガル・ルソフォナ大学教授のマリアナ・アルヴェス・ペレイラ博士の研究もその 1 つである【資料 5】。

2　騒音・低周波についての環境省の指針とその問題点

環境省は，2017 年に環境省水・大気環境局長の通知である「風力発電施設から発生する騒音に関する指針について」（環水大大第 1705261 号）と「風力発電施設から発する騒音についての指針」（以下「環境省指針」という。）を公表し，「風力発電施設から発生する騒音が人の健康に直接的に影響を及ぼす可能性は低い」「風力発電施設から発生する超低周波音・低周波音と健康影響については，明らかな関連を示す知

1　https://www.nichibenren.or.jp/library/ja/opinion/report/data/2013/opinion_131220_3.pdf

2　長周新聞 2018 年 6 月 18 日「低周波音で頭痛や不眠～高知県・3 月稼働の大洞山風力発電」秋田魁新報 2022.9.7「風車の夜間停止要望　事業反対の由利本荘・2 団体」https://www.sakigake.jp/news/article/20220907AK0008/

見は確認できない」とした。【資料27】この指針は，風車による健康被害が発生しないか不安を抱える住民や健康被害を訴える住民に対する説明として，事業者や地元自治体に用いられることもしばしばある。

しかし，他方で環境省は，平成16年6月に「低周波音問題対応の手引書」[3]を公表し，低周音による心身に係る苦情の問題対応のための評価指針として「参照値」を示している。そして，平成29年12月27日には，「低周波音問題対応の手引書における参照値の取扱いについて」（環境省水・大気環境局大気生活環境室より，各都道府県等担当官への事務連絡）において，「参照値は低周波音の聴感特性に関する実験の集積結果であるが，低周波音に関する感覚については個人差が大きく，参照値以下であっても，低周波音を許容できないレベルである可能性が10％程度ではあるが残されているため，個人差があることも考慮し判断することが極めて重要である。」ことにも留意して，手引書の活用を図ることを通知している【資料29】。風力発電施設から発生する超低周波音・低周波音について，健康影響がないかのように読める環境省指針は，「低周波問題対応の手引書」や「低周波音問題対応の手引書における参照値の取扱いについて」の通知書と矛盾する。

風力発電の騒音に対する環境省指針は，騒音の評価尺度を，A特性とするとしている。しかし，A特性は，人の耳の感覚に近づけるべく，低い周波数帯の音には感度を低く考慮するなどの補正を行った評価尺度であり，「低周波音問題対応の手引書」では，評価尺度を，1/3オクターブバンド音圧レベル，G特性音圧レベルとするとしている点でも，同指針を低周波音の評価指針と考えるのは適切ではない。

環境省指針に対しては，国内外で新たな明らかになってきている科学的知見について十分に検討しておらず，現時点での根拠とはなり得ないと言わざるを得ない。また，指針値や評価の仕方などが確定していないため，リスクが不確実でも，特に健康被害については，重大な影響を回避することを原則として行動すべきであるとの指摘があり[4]，正当な見解と言える。

3　風車の大型化と離岸距離が近い洋上風力発電事業

風車が年々大型化しており，現在，計画されている洋上風力発電では，1基につき，高さ150mから250m，出力10000kw～20000kwとかなり巨大なものとなっている。

国は，第4期海洋基本計画（2023年4月閣議決定）において，洋上風力発電について2030年までに1,000万kW，2040年までに浮体式を含む3,000～4,500万kWを目標としており，北海道から東北，北陸にかけての日本海側を中心に，次々と開発計

3　https://www.env.go.jp/air/teishuha/tebiki/index.html
4　長州新聞 2022.11.4「巨大風車による健康影響の実態について　北海道大学工学研究院助教・田鎖順太」 https://www.chosyu-journal.jp/shakai/24908

画が明らかになっている【資料30】[5]。

日本の洋上風力発電の大きな特徴は，海岸からの距離である離岸距離が，極めて近いことである。

たとえば，山形県で計画中の遊佐町沖の洋上風力発電事業では，海岸から1海里（=1852m）離れた場所で，1基10,000kwレベルの風車を約50基ほど設置する計画で，計画の検討が始められている[6]。

欧州で稼働中の洋上風力の離岸距離が平均で約23㎞であることからすると【資料28】，日本では，いかに巨大風車による騒音・低周波被害が問題とされずに，風車建設が進められていることがわかる。

4　低周波音を含めた調査と被害回避のための対策が必要である

このまま，現状の風力発電計画が進み，大規模な風車が各地で稼働すれば，今後，健康被害が深刻なものとなることも予測される。被害実態についての医学的・疫学的な調査の実施と規制の検討が早急に必要である。

5　『洋上風力発電に係る新たな環境アセスメント制度の在り方について』，2023年8月，洋上風力発電の環境影響評価制度の最適な在り方に関する検討会資料より抜粋

6　遊佐法定協議会資料　https://www.enecho.meti.go.jp/category/saving_and_new/saiene/yojo_furyoku/dl/kyougi/yamagata_yuza/04_docs07.pdf

〈執筆者紹介〉

（掲載順）

小島 智史　公害対策・環境保全委員会メガソーラー問題検討 PT 座長

愛知県東郷町生まれ。2004 年神戸大学法学部卒業，2006 年名古屋大学法科大学院卒業，2007 年弁護士登録（愛知県弁護士会）。愛知県弁護士会公害対策・環境保全委員会（2014 年-2020 年委員長），日弁連公害対策・環境保全委員会委員（2014 年副委員長）。

山下 紀明　特定非営利活動法人環境エネルギー政策研究所主任研究員（理事）

大阪府豊中市生まれ。2003 年京都大学工学部卒業，2005 年京都大学大学院地球環境学舎卒業，2005 年から環境エネルギー政策研究所に関わる。2022 年 4 月より名古屋大学大学院環境学研究科博士課程（知の共創プログラム特別コース）。京都大学大学院経済学研究科，武蔵野大学にて非常勤講師。

茅野 恒秀　信州大学人文学部准教授

博士（政策科学）。専門は環境社会学，社会計画論，サステイナビリティ学。法政大学社会学部を卒業後，同大学院に在籍しながら（財）日本自然保護協会に勤務。岩手県立大学講師，同准教授を経て 2014 年より現職。松本平ゼロカーボン・コンソーシアム運営委員長，自然エネルギー信州ネット理事などを務める。

千葉 恒久　日弁連公害対策・環境保全委員会委員／東京弁護士会

京都大学法学部卒業。1996 年ドイツ・フライブルク大学外国法修士号取得（公法－環境法）。著書に『再生可能エネルギーが社会を変える』（現代人文社，2013 年），近著に『ドイツ電力事業史 ── 大規模集中か地域分散か』（現代人文社，2024 年）など。

山谷 澄雄　日弁連公害対策・環境保全特別委嘱委員，同災害対策委員会委員／仙台弁護士会

東北大学法学部卒業。1991 年弁護士登録（仙台弁護士会）。仙台弁護士会災害復興支援特別委員会委員長（2008 ～ 2016 年），日弁連災害対策委員会副委員長（2007 ～ 2016 年）の各在任中，東日本大震災に遭い，支援活動に当たり，現在に至る。

長崎 幸太郎　山梨県知事

東京都生まれ。1991 年東京大学卒業，1991 年大蔵省入省，1997 年在ロサンゼルス総領事館領事，2002 年山梨県企画部総合政策室政策参事，衆議院議員（2005-2009 年，2012-2017 年），2017 年自由民主党幹事長政策補佐，山梨県知事（2019 年～）。

安藤 哲夫　全国再エネ問題連絡会共同代表

東京都青梅市出身，太白 CC メガソーラー建設に反対する会共同代表。

佐々木 浄榮　全国再エネ問題連絡会共同代表

福岡県うきは市生まれ。日蓮宗寺院である東融山妙蓮寺住職。2013年佐世保市宇久町に移住。特定非営利活動法人　宇久島の生活を守る会会長。五島列島宇久島で行われる日本最大規模のメガソーラー，及び陸上風力発電計画など再エネ問題の解決に向け活動中。

浦 達也　公益財団法人日本野鳥の会主任研究員

北海道札幌市生まれ。2005年に北海道大学大学院地球環境科学研究科博士課程単位取得退学後，日本野鳥の会に入局。野外鳥類学雑誌Strixの編集担当を経て，湿地性希少鳥類の保護や風力発電と鳥類の問題を担当。海外情報の収集と国内への紹介，風車による鳥類への影響の調査，意見要望活動を行っている。

北村 喜宣　上智大学法学部地球環境法学科教授

京都市生まれ。1983年神戸大学法学部卒業。横浜国立大学経済学部助教授，上智大学法科大学院長等を経て現職。専攻は，行政法学・環境法学・政策法務論。司法試験考査委員（環境法）（2006-2015年）。主著として，『環境法〔第6版〕』（弘文堂，2023年），『環境法〔第2版〕』（有斐閣，2019年）。

小島 延夫　日弁連公害対策・環境保全委員会委員／東京弁護士会

埼玉県川越市生まれ。1982年早稲田大学卒業，1984年弁護士登録（東京弁護士会）。東京弁護士会公害環境特別委員会委員（2000-2002年委員長），日弁連公害対策・環境保全委員会委員（2014-2016年委員長），早稲田大学大学院法務研究科教授（2004-2009年，2014-2019年）。

室谷 悠子　日弁連公害対策・環境保全委員会特別委嘱委員／大阪弁護士会

兵庫県尼崎市生まれ。京都大学文学部卒業・同文学研究科修了。大阪大学法科大学院卒業。（一財）日本熊森協会会長。全国再エネ問題連絡会共同代表。

メガソーラー及び大規模風力事業と地域との両立を目指して

2024(令和6)年6月10日　第1版第1刷発行

©編　者　日本弁護士連合会
公害対策・環境保全委員会

発行者　今井　貴・稲葉文子
発行所　株式会社　信　山　社
〒113-0033　東京都文京区本郷 6-2-9-102
Tel 03-3818-1019　Fax 03-3818-0344
笠間才木支店　〒309-1611 茨城県笠間市笠間 515-3
Tel 0296-71-9081　Fax 0296-71-9082
笠間来栖支店　〒309-1625 茨城県笠間市来栖 2345-1
Tel 0296-71-0215　Fax 0296-71-5410
出版契約 No.2024-8172-01011

Printed in Japan, 2024　　印刷・製本／藤原印刷
ISBN978-4-7972-8172-9 C3332 ¥2600E 分類 329.401
p.240 8172-01011 012-010-002